W0110398

101 Dinge,
die man über die Raumfahrt
wissen muss

Albert Mößmer

101 Dinge
die man über die
Raumfahrt
wissen muss

Inhalt

Vorwort

Raketen und das Universum

„Diese törichte Idee, auf den Mond zu schießen, ist ein Beispiel dafür, wie absurd weit eine verderbliche Spezialisierung Wissenschaftler gehen lässt, die in gedankenundurchlässigen Abteilungen arbeiten." Diese bekannte Äußerung des englischen Chemikers Alexander William Bickerton (1842–1929) ist ein Beispiel für die Skepsis, die denen entgegenschlug, die über mögliche Reisen zu anderen Himmelskörpern spekulierten. Die Erfinder, Tüftler und Visionäre ließen sich jedoch kaum von ihren Zielen abbringen. 1926, als Bickerton diese Meinung von sich gab, startete in den USA ein gewisser Robert H. Goddard zum ersten Mal eine Rakete mit flüssigem Treibstoff. Theoretische Abhandlungen über den Raketenbau hatte es schon vorher gegeben, und auch in der Belletristik war der Flug zu fremden Welten immer wieder ein Thema.

1957 schickte die Sowjetunion ihren ersten Satelliten in den Weltraum. Durch diesen „Sputnik-Schock" erhielt die Weltraumfahrt einen entscheidenden Impuls. Es dauerte nur zwölf Jahre, bis der erste Mensch auf dem Mond war. Zwei Jahre später gelang einer Sonde erstmals eine weiche Landung auf dem Mars, und zwei Jahre nach diesem Ereignis flog zum ersten Mal eine Sonde an dem Gasriesen Jupiter vorbei.

„Aber, was bringt uns die Raumfahrt?", ist eine Frage, die man nicht selten hört. „Wofür Geld für Raketen und Sonden ausgeben, wenn wir so viele Probleme auf der Erde haben?"

Zu den direkten Nutzen der Raumfahrt zählen die zahlreichen Satelliten, die um die Erde kreisen und eine globale Kommunikation, Wettervorhersagen und Navigationssysteme ermöglichen. Sie warnen vor Stürmen und anderen Naturkräften, sie liefern Informationen über Grünhausgase, die Beschädigung der Ozonschicht, Abholzungen und die Ausbreitung von Wüsten.

Abgesehen von dem praktischen Nutzen bietet die Raumfahrt mehr: Sie befriedigt die menschliche Neugierde und den Forscherdrang. Sie hilft uns, die Welt zu verstehen, in der wir leben; sie zeigt uns, wie unser Planet entstand und wohin er sich entwickeln wird; und sie gibt uns möglicherweise eine Antwort darauf, was die Zukunft der Menschheit sein wird.

Beim Lesen dieses Buches wünsche ich viel Freude
Albert Mößmer

Leuchten und Himmelswagen

Visionen vom Sternenhimmel

1

Wer einmal eine Nacht in der Wüste verbracht hat, bekommt eine Vorstellung davon, was unsere Vorfahren am wolkenlosen Himmel sahen, bevor Straßenbeleuchtungen und andere Lichtquellen den Sternenglanz ausblendeten. Das helle Band der Milchstraße ist für die Menschen in den dicht besiedelten industrialisierten Ländern heute weithin unsichtbar. Hat man aber eine ungehinderte Sicht auf den Nachthimmel, bekommt die Redewendung von „unzähligen Sternen" eine neue Bedeutung, und man kommt nicht umhin, zutiefst beeindruckt zu sein. Es wird dann verständlich, was der Psalmist meinte, wenn er vor etwa 2.500 Jahren sang: „Wenn ich deine Himmel sehe, das Werk deiner Finger, den Mond und die Sterne …" Auch als Erich Knauf 1941 den Text zu dem Lied „Heimat deine Sterne" verfasste, konnte er noch davon schwärmen, dass der Himmel wie ein Diamant ist – was heute im Lichtsmog nur noch schwer nachvollziehbar ist.

Antike Kosmologien

Aber was waren der Himmel und seine Gestirne? Lange Zeit glaubten die Menschen, dass die Erde von einem festen Gewölbe überdacht sei, Die Sterne an diesem Firmament waren für sie Leuchten,

Ein Wanderer hat in diesem berühmten mittelalterlichen Holzschnitt den Rand der Welt erreicht und entdeckt die Himmelsmechanik, die sich hinter dem Firmament befindet. Bild: Houston Physicist / CC BY-SA 4.0

Ikaros kam der Sonne zu nahe und stürzte deswegen in den Abgrund. Für manche dient die Geschichte als Warnung, andere sehen in Ikaros ein Vorbild, das einfach Pech hatte. Bild: Jacob Peter Gouwi

Götter, Engel oder die Köpfe goldener Nägel. In manchen Kulturkreisen glaubte man, dass die Himmelsgestirne das Schicksal und das Wesen der Menschen beeinflussen könnten. Sterne konnten auch vom Himmel fallen oder – wie in der Weihnachtsgeschichte – vor Wandernden herziehen, um ihnen den Weg zu weisen. Gemäß dem astronomischen Teil des Buches Henoch befinden sich im Firmament Öffnungen. Sechs dieser Tore im Osten und sechs im Westen werden von der Sonne und dem Mond beim Auf- und Untergehen benutzt, und durch zwölf bläst der Wind. Immerhin wusste der Autor dieser Schrift bereits, dass der Mond das Licht der Sonne reflektiert und die Mondphasen davon abhängen, von welcher Position aus das Sonnenlicht auf ihn trifft. Der Mond wurde aber in dieser kosmologischen Vorstellung auf seinem Wagen vom Wind über das Gewölbe getrieben.

Während Henoch für seine kosmologischen Erkenntnisse auf die Hilfe himmlischer Wesen angewiesen war, wusste die griechische Mythologie von Himmelsfahrern, die mit Hilfe einer eigenen Erfindung in die Höhe stiegen. Nach einer weit verbreiteten Geschichte erfand der Baumeister und Künstler Daidalos Flügel, um mit seinem Sohn Ikaros aus ihrem Gefängnis auf der Insel Kreta zu entkommen. Ikaros jedoch flog zu nahe an die Sonne, was zur Folge hatte, dass das Wachs an seinen Flügeln schmolz und er zu Tode stürzte.

Ikaros gewann im Laufe der Zeit in der europäischen Kultur einen sinnbildlichen Charakter. Manche fassten ihn als ein Symbol der menschlichen Überheblichkeit auf, für andere ist er der Archetyp des vorwärtsstrebenden, keine Risiken scheuenden Pioniers – vielleicht der erste Testpilot.

Kosmische Weltbilder

Die Geburt der Astronomie

2

Während die astronomischen Beschreibungen im Buch Henoch auf dem nahöstlichen Weltbild beruhten, erlebte die wissenschaftliche Astronomie ihre Geburt im griechischen Kulturkreis. Über die Form der Erde wurde unter den griechischen Philosophen schon früh spekuliert. Als wirklicher Beweis für deren Kugelgestalt kann die Feststellung des Aristoteles (384–322 v. Chr.) gelten, dass bei einer Mondfinsternis der Schatten der Erde kreisrund sei. Den Erdschatten auf dem Mond beobachtete auch Aristarchos von Samos (circa 300 v. Chr.) und berechnete daraus den Durchmesser der Erde. Aristarchos lag mit seiner Kalkulation noch etwas daneben. Aber Eratosthenes von Kyrene (circa 275–194 v. Chr.) gelang eine genauere Berechnung. Auf seinen Reisen bemerkte er, dass die Sonne in Alexandrien zur Mittagszeit etwas tiefer stand als im oberägyptischen Syene. Den Unterschied erklärte er sich mit der Krümmung der Erdoberfläche. Den Abstand zwischen den beiden Städten berechnete er auf ein Fünfzigstel eines Vollkreises. Nachdem er den Abstand zwischen Alexandrien und Syene ermittelt hatte, konnte er den gesamten Erdumfang ausrechnen. Das Ergebnis war ein Umfang von 250.000 Stadien, was ungefähr dem tatsächlichen Wert von 40.008 Kilometern entlang eines Längenkreises entspricht.

Den Abschluss fand die antike Astronomie etwa 140 n. Chr. Mit Claudius Ptolemäus (Ptolemaios), der die damaligen Erkenntnisse über die Erde und die Gestirne in einem Werk zusammenfasste. Dieses Opus, später unter dem Titel „Almagest" bekannt, galt für die folgenden eineinhalbtausend Jahre als eine Art „Bibel der Astronomen". Die Erde befand sich nach dem ptolemäischen Weltbild in der Mitte des Universums und wurde von den anderen Himmelskörpern umkreist. Die geozentrische Weltvorstellung wurde noch kaum von jemandem angezweifelt.

Das heliozentrische Weltbild

Als eine Reformation der Astronomie kann das bezeichnet werden, was Nikolaus Kopernikus (1473–1543) in Bewegung brachte. Der Astronom, Arzt und Domherr war sich der Ungereimtheiten des ptolemäischen Weltsystems bewusst und schlug einen anderen Aufbau des Weltalls vor: In der Mitte befand sich die Sonne, und um dieses Zentrum kreisten die Planeten, einschließlich der Erde. Nur der Mond kreise um die Erde.

Kopernikus, wie ihn sich der Maler Jan Matejko vorstellte. Auf der Tafel neben dem Astronomen sind die Umlaufbahnen der Planeten um die Sonne eingezeichnet. Bild: Jan Matejko

Außerdem drehte sich die Erde alle 24 Stunden um die eigene Achse. Das Werk mit dem Titel „Über die Umdrehungen der himmlischen Kreise" erschien erst 1543, als der Verfasser bereits auf dem Totenbett lag. Möglicherweise blieben ihm damit einige Unannehmlichkeiten erspart. Martin Luther bezeichnete Kopernikus als Narren, der die ganze Kunst der Astronomie umkehren wolle.

Der Astronom und Mathematiker Johannes Kepler (1571–1630) präzisierte das kopernikanische Weltbild: Die Planeten bewegen sich um die Sonne nicht in Kreisen, sondern in Ellipsen. Diese Erkenntnis wird als das erste Keplersche Planetengesetz bezeichnet. Ein zweites Gesetz lautete: Der Radiusvektor (Fahrstrahl) eines Planeten beschreibt bei dessen Bewegung um die Sonne in gleichen Zeiten gleiche Flächen. Dies bedeutet nichts anderes, als dass sich der Planet in Sonnennähe schneller bewegt als in Sonnenferne. 1609 erschienen diese beiden Gesetze in Keplers Werk „Astronomia Nova" (Neue Astronomie).

Als dritter im Bunde derjenigen, die der Erde ihre zentrale Stellung nahmen, soll noch der Mathematiker Galileo Galilei (1564–1642) erwähnt werden. Er gilt als der Begründer der modernen Physik. Galilei lehrte nicht nur das heliozentrische Weltbild, sondern baute sich auch ein Fernrohr, mit dem er vier Jupitermonde entdeckte. Er stellte damit fest, dass nicht nur die Planeten um die Sonne kreisten, sondern dass sogar manche dieser Planeten eigene Trabanten besaßen.

Träume von der Raumfahrt

Frühe Raketen

3

An Flüge zu einem der Himmelskörper dachte noch niemand, als man die Rakete erfand. Stattdessen erwies sich wieder einmal das Militär als Geburtshelfer. 1161 verwendete ein chinesischer General sogenannte „Feuerpfeile" zur Abschreckung seiner Gegner, und 1232 beschossen chinesische Verteidiger in einer Schlacht gegen mongolische Invasoren die Angreifer mit „Feuerlanzen". Dabei handelte es sich um Röhrchen, die mit Sprengpulver aus Salpeter, Schwefel und Holzkohle gefüllt waren. In China hatte man Sprengpulver schon früher eingesetzt, und zwar für Knalleffekte vor allem bei religiösen Festen und Feierlichkeiten.

Die Mongolen übernahmen die Erfindung und brachten sie wahrscheinlich nach Europa. Roger Bacon (circa 1220–ca. 1292) erwähnte bereits 1242 die Verwendung von Schwarzpulver in Feuerwerkszeug für Kinder. 1270 war das Wissen über den Sprengstoff bereits in ganz Europa verbreitet. Zugleich entstanden Raketen, die sowohl in Feuerwerken als auch bei militärischen Auseinandersetzungen Verwendung fanden. Im 16. Jahrhundert konstruierte ein gewisser Johannes Schmidlap eine zweistufige Feuerwerksrakete. Wenn die erste Stufe ausgebrannt war, sollte sich die zweite entzünden, um das Projektil in eine größere Höhe zu bringen.

Visionäre und Theoretiker

Der in Berlin lebende Erfinder Hermann Ganswindt (1856–1934) wollte weiter hinaus. In einem Vortrag erklärte er 1891, wie er mit einem „Weltenfahrzeug" die Erde verlassen und innerhalb von 22 Stunden den Mars oder die Venus erreichen wollte. Die Antriebseinheit seines Raumfahrzeugs bestand aus einem Stahlrohr, das mit Dynamit gefüllt war. Die Schubkraft sollte durch eine Serie von Explosionen erzeugt werden. Von Reisen in den Weltraum träumte auch der russische Lehrer Konstantin Eduardowitsch Ziolkowski (1857–1935). Von ihm stammt der Spruch: „Die Erde ist die Wiege der Menschheit, aber die Menschheit kann nicht für immer in der Wiege bleiben." Von den Raketen hatte auch er durch den Krieg erfahren. In einer militärischen Auseinandersetzung mit dem Osmanischen Reich hatten russische Truppen die Schwarzmeerfestung Warna mit Raketen beschossen. Während seines Studiums an der Moskauer Universität durchforschte Ziolkowski das Militärarchiv, um

Hermann Oberth schuf einige der Grundlagen der Raketentechnik in Deutschland.
Bild: NASA

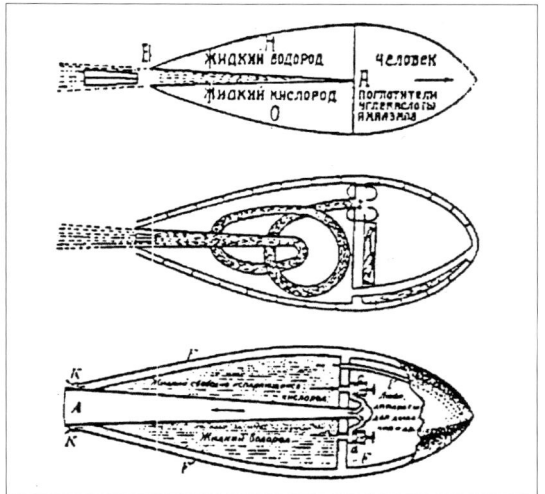

Konstantin Ziolkowski entwarf bereits Raketen mit flüssigem Brennstoff, der in einer Brennkammer entzündet werden sollte.
Bild: Konstantin Ziolkowski

möglichst viel über die Raketentechnik zu erfahren. In einer Abhandlung schlug er die Verwendung von flüssigem Treibstoff vor. Während sich bei der Verwendung von pulverförmigem Treibstoff der Brand in der Pulverladung voranfraß, würde aber bei der Zündung des flüssigen Treibstoffes die Rakete explodieren. Als Lösung entwarf er eine Brennkammer, in die der Treibstoff fortlaufend eingespritzt werden sollte. Um eine größere Schubkraft zu erzielen, schlug er bereits die Verwendung mehrstufiger Raketen vor. Für seine theoretischen Leistungen wird Ziolkowski manchmal als „Vater der Raumfahrt" bezeichnet.

Einen ähnlichen Ruf erwarb sich auch der in Siebenbürgen geborene Hermann Oberth (1894–1989). Bereits 1917 entwarf er eine mit Ethanol und Sauerstoff betriebene Rakete. 1922 bot er dem Verleger Rudolf Oldenbourg ein Manuskript mit dem Titel „Die Rakete zu den Planetenräumen" an. Darin stellte er die These auf, dass es mit Maschinen möglich sei, über die Erdatmosphäre hinaus zu steigen und dass bei einer Vervollkommnung der Technik eine Flugmaschine die Erdanziehung verlassen und sogar Menschen mitnehmen könne. Diese Schrift gilt als Anfang der wissenschaftlichen Theorie der Raumfahrt in Deutschland. 1930 erweiterte Oberth sein Erstlingswerk und veröffentlichte es unter dem Titel „Wege zur Raumschiffahrt".

Amerikas Raketenpionier

Robert H. Goddard

4

Am Anfang der amerikanischen Raumfahrtgeschichte steht als herausragendste Persönlichkeit Robert H. Goddard (1882–1945). Er gilt als der Mann, der das Weltraumzeitalter einleitete, und als „Vater des modernen Raketenantriebs". Nach ihm ist das Goddard Space Flight Center der NASA benannt.

Robert Goddard wuchs im Nordosten der Vereinigten Staaten auf. Er interessierte sich schon früh für Naturwissenschaften und führte bereits als Kind eigene Experimente durch. 1914 bekam er seine beiden ersten Patente: eine Rakete mit flüssigem Treibstoff und eine mehrstufige Rakete mit festem Treibstoff. 1919 – mittlerweile hatte er es zum Physikprofessor gebracht – veröffentlichte er eine Abhandlung mit dem Titel „Eine Methode zum Erreichen extremer Höhen". Seinen ersten Versuch mit einer Flüssigkeitsrakete unternahm er am 16. März 1926. Als Treibstoff dienten flüssiger Sauerstoff und Benzin. Die Rakete flog nur zweieinhalb Sekunden und erreichte eine Höhe von 12,5 Metern. Aber es war der erste erfolgreiche Flug einer Rakete mit flüssigem Treibstoff. Dieses Ereignis wurde hinsichtlich seiner Bedeutung oft mit dem ersten Flug der Wright-Brüder 1903 verglichen.

Im Laufe der Zeit wurden Goddards Flugkörper immer stärker und erreichten zunehmend größere Höhen. 1930 verlagerte er seine Versuchsanlage nach Roswell in New Mexico, wo er mit einem Technikerteam und mit der finanziellen Unterstützung der Guggenheim-Familie eine Versuchsanlage aufbaute. 1935 durchbrach eine seiner Raketen die Schallmauer. Er entwickelte ein Kreiselinstrument zur Flugkon-

Robert Goddards Arbeit blieb von der US-Regierung weitgehend unbeachtet. So ging technischer Vorsprung in der Raketentechnik verloren. Bild: NASA

Robert Goddard erhielt auf seine Erfindungen 214 Patente, zum Beispiel 1914 auf eine mehrstufige Rakete. Bild: Robert H. Goddard

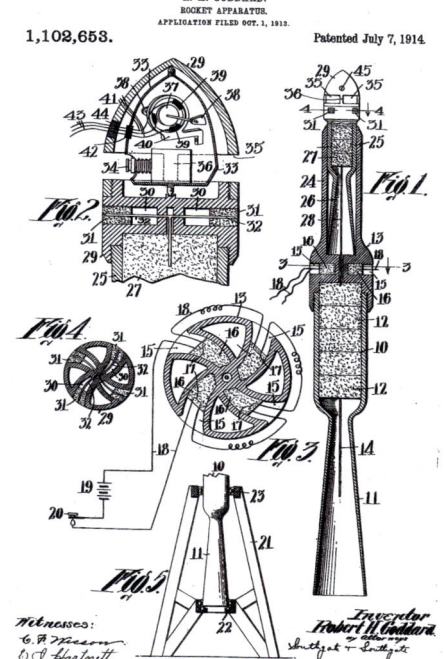

trolle und startete bereits 1929 eine Rakete mit wissenschaftlichen Instrumenten an Bord. Schon 1904 hatte Goddard anlässlich der Abschlussfeier seiner High-School geäußert: „Es hat sich oft gezeigt, dass der Traum von gestern die Hoffnung von heute und die Wirklichkeit von morgen ist." Die Verwirklichung seines Traums vom Flug in den Weltraum konnte er aufgrund seines frühen Todes 1945 allerdings nicht mehr miterleben.

Inspiration

Wie viele andere Raumfahrtpioniere, ließ sich auch Goddard von Science-Fiction-Erzählungen inspirieren. In seinem Fall war es der Roman „Der Krieg der Welten", der 1898 von H. G. Wells veröffentlicht worden war. „Er hinterließ einen tiefen Eindruck", schrieb er 1932 in einem Brief. „Ein Jahr später war der Bann vollständig, und ich entschied, dass das, was man vorsichtig formuliert, als ‚Höhenforschung' bezeichnen könnte, das faszinierendste Problem überhaupt war." [1]

1 vgl. Bolden, Charles: The Stuff of Goddard's Dreams. Robert H. Goddard Memorial Symposium. Greenbelt Maryland, February 9, 2016. Seite 2

Unternehmen Büroklammer

Von Peenemünde nach Redstone

5

„Kennt ihr nicht euren eigenen Raketenpionier?", wollte Werner von Braun wissen, als er nach dem Zweiten Weltkrieg über seine Tätigkeit befragt wurde. „Dr. Goddard war uns voraus." [2] Während Goddard von der amerikanischen Regierung weitgehend unbeachtet seine Raketenversuche unternahm, gewann in Deutschland – allerdings unter militärischer Regie – die Entwicklung dieser Flugkörper an Fahrt. 1936 erfolgte in der Gemeinde Peenemünde, an der Nordspitze der Insel Usedom, der Spatenstich für das damals größte Raketenversuchszentrum der Welt. Weitgehende Beachtung im In- und Ausland fanden die in Peenemünde stattgefundenen Entwicklungen allerdings erst während des Zweiten Weltkriegs. Der Marschflugkörper Fieseler Fi 103 – von der Nazipropaganda als „Vergeltungswaffe 1" (V1) bezeichnet – wurde vor allem gegen Ziele in England abgeschossen. Noch gefährlicher war das Geschoss mit der Bezeichnung „Aggregat 4" (A4) beziehungsweise „Vergeltungswaffe 2" (V2). Dabei handelte es sich um eine Rakete mit flüssigem Treibstoff, die eine Reichweite von 250 bis 300 Kilometern besaß und ungefähr 738 Kilogramm Sprengstoff ins Ziel tragen konnte.

Seitenwechsel

Als sich der Zweite Weltkrieg dem Ende zuneigte, bestanden bei den Alliierten keine Zweifel darüber, dass die deutsche Seite über ein raketentechnisches Know-how verfügte, das man für eigene Zwecke nutzen konnte und nicht in die Hände der Sowjets fallen lassen wollte. „Operation Paperclip" (Unternehmen Büroklammer) hieß die Geheimmission, die deutsche Raketenspezialisten rekrutieren und in die USA bringen sollte. Die Techniker ließen sich in der Regel schnell überzeugen, da ihnen nicht nur die Möglichkeit geboten wurde, ihre wissenschaftliche

Pioniere der US-Raumfahrt: Ernst Stuhlinger, Major General Holger Toftoy, Herman Oberth, Wernher von Braun, Robert Lusser (von links).
Bild: NASA/Hank Walker

2 Vgl. Wilford, John Noble, „A Salute to long Neglected ‚Father of American Rocketry'", in: The New York Times, 5. Oktober 1982

Wernher von Braun (mit Gipsarm) ergab sich am 2. Mai 1945 der Spionageabwehr der US-Armee. Zweiter von rechts: Magnus von Braun, Wernhers Bruder. **Bild:** NASA

Arbeit auf der anderen Seite des Atlantiks fortzusetzen, sondern ihnen zugleich auch Konsequenzen für ihre Rolle während des Krieges erspart blieben. Einige von ihnen – dazu gehörte Wernher von Braun, der technische Direktor der Heeresversuchsanstalt Peenemünde – waren nach dem Umzug in die USA an der Entwicklung der ersten Boden-Boden-Rakete auf dem Redstone-Arsenal der US-Armee in Alabama entscheidend beteiligt. Eine Variante der Redstone-Rakete diente zum Transport des ersten amerikanischen Satelliten ins All und stellte damit den Anfang des amerikanischen Raumfahrtprogramms dar.

Übrigens ...

Wernher von Braun (1912–1977) arbeitete bereits ab Herbst 1932 als Zivilangestellter für das Raketenprogramm des Heereswaffenamtes. Von Braun hatte sich als Jugendlicher – von Science-Fiction-Romanen und später durch Herman Oberths Buch inspiriert – für die Raumfahrt begeistert. Aufgrund seiner durch die Armee finanzierten Forschung konnte er am 27. Juli 1934 in Physik promovieren. Während der Nazi-Herrschaft war er Mitglied der NSDAP und der SS. Von 1960 bis 1970 war er als Direktor des Marshall Space Flight Center tätig und leitete als Chefarchitekt die Entwicklung der Saturn V. Er popularisierte darüber hinaus die Raumfahrt durch Fernsehproduktionen mit Walt Disney und durch das Verfassen von Büchern.

Signale aus der Umlaufbahn

Der Sputnik-Schock

6

Am 4. Oktober 1957 versetzte eine Eilmeldung die Zeitungs- und Rundfunkredaktionen der ganzen Welt in Aufregung: Die Sowjetunion hatte einen Satelliten ins All geschossen. Die Erde hatte damit erstmals einen künstlichen Begleiter erhalten.

„Sputnik", russisch für „Satellit" oder „Trabant", war der offizielle Name des 83,5 Kilogramm schweren kugelförmigen Apparats, der an der Spitze einer Interkontinentalrakete vom Typ R-7 ins All flog. Der Satellit bewegte sich, laut einer Meldung der sowjetischen Nachrichtenagentur TASS, in einer Höhe von 900 Kilometern über der Erdoberfläche und umkreise den Globus in einer Stunde und 35 Minuten.

Fachleute bekamen auch von einer anderen Quelle Informationen. Ende September 1957 hatte in Washington eine internationale Konferenz über Weltraumforschung und Raketentechnik begonnen. Unter anderem ging es bei der Zusammenkunft um die Frage, wie man in die oberen Schichten der Atmosphäre gelangen könne. Die sowjetische Delegation unter der Leitung von Anatoli Blagonrawow, Professor für Ballistik und Generalleutnant der Roten Armee, hielt sich zunächst zurück. Am letzten Tag der Konferenz, dem 4. Oktober, kam von der sowjetischen Seite der sensationellste Beitrag der Veranstaltung, ein Bericht über den erfolgreichen Start des Sputnik.

Das Sputnik-Unternehmen hatte mehrere Ziele:

1. Test der Technik, mit der Satelliten in die Erdumlaufbahn geschickt werden können.

2. Die Dichte der Atmosphäre sollte aus der Lebensdauer des Satelliten berechnet werden.

Mit dem Start des Sputnik 2 wurde erstmals ein Lebewesen ins All geschickt. Die Hündin Laika überlebte jedoch nur wenige Stunden. Bild: NASA

3. Test der Techniken zur Verfolgung von Satelliten in der Umlaufbahn.
4. Test der Prinzipien der Druckregelung bei Satelliten.

Der erfolgreiche Start des Sputnik war nicht nur sensationell, er löste in der westlichen Welt auch eine Reaktion aus, die oft als „Sputnik-Schock" bezeichnet wird. Die Sowjetunion war den westlichen Ländern in der Raketentechnik und in der Raumfahrt offensichtlich voraus. In den USA sprach man auch vom „Pearl-Harbor-Effekt", in Anspielung auf den japanischen Angriff auf Pearl Harbor 1941, der den

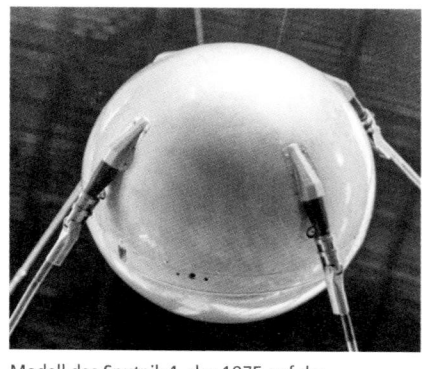

Modell des Sputnik 1, das 1975 auf der Pariser Luftfahrtschau ausgestellt wurde. Nach 92 Tagen Umlaufzeit drang er in dichtere Luftschichten ein und verglühte.
Bild: NASA

amerikanischen Kriegseintritt in den Zweiten Weltkrieg und die Aufrüstung der USA zur Folge hatte. Das Gefühl, ins Hintertreffen geraten zu sein, führte in den USA zu erhöhten Ausgaben für die Forschung und Raumfahrttechnik, zur Gründung der NASA und schließlich zur Mondlandung.

Weitere Sputniks

Dem ersten sowjetischen Satelliten folgte am 3. November 1957 ein zweites Raumfahrzeug mit der Bezeichnung „Sputnik 2". Damit stellten die Sowjets unter Beweis, dass ihr erster Erfolg kein Zufall gewesen war. Zudem wurde mit diesem fast 504 Kilogramm schweren Raumflugobjekt erstmals ein Lebewesen ins All geschossen, nämlich eine Eskimohündin namens Laika. In dem kegelförmigen Körper des Satelliten befand sich eine luftdicht abgeschlossene Kabine mit einem Nahrungsvorrat sowie Instrumenten, die Herzschlag, Puls, Atmung und Blutdruck des Tieres messen und die Werte zur Erde funken sollten. Ursprünglich hieß es, Laika habe in der Kapsel sechs oder sieben Tage lang überlebt und sei eingeschläfert worden, als der Sauerstoff zu Ende ging. 2002 wurde jedoch bekannt, dass das Tier bereits wenige Stunden nach dem Start vermutlich an Überhitzung und Stress zugrunde gegangen war. Kein Hund musste dagegen für die Mission des Sputnik 3 sterben. Nach einem Fehlstart am 27. April 1958 schickte die sowjetische Weltraumbehörde am 15. Mai einen 1.327 Kilogramm wiegenden Ersatzsatelliten ins Weltall. Unter anderem sollten damit Messungen der kosmischen Strahlung vorgenommen werden.

Explorer und Vanguard

Amerikas Start ins All

7

Am 4. Oktober 1957 befand sich Wernher von Braun bei einem Dinner zu Ehren des angehenden Verteidigungsministers Neil McElroy, als er von einem Reporter der New York Times angerufen wurde.

„Nun, was halten Sie davon?", fragte ihn der Reporter.

„Von was?", wollte von Braun wissen.

„Von dem russischen Satelliten, den sie gerade in die Umlaufbahn gebracht haben."

An den Esstisch zurückgekehrt, informierte von Braun die Anwesenden über das Ereignis. An den zukünftigen Verteidigungsminister gewandt sagte er: „Sir, wenn Sie nach Washington zurückkehren, werden Sie feststellen, dass die Hölle los ist. Ich wünschte, Sie würden bei all dem Lärm und der Verwirrung einen Gedanken behalten: Wir können einen Satelliten 60 Tage nach dem Augenblick, in dem Sie uns grünes Licht geben, in den Orbit schießen." [3]

Das grüne Licht ließ allerdings noch auf sich warten. Zuerst sollte die Marine zum Zuge kommen. Am 6. Dezember 1957 erfolgte der Start der dreistufigen Rakete Vanguard TV3, die einen kleinen Satelliten ins All schicken sollte. Der übers Fernsehen übertragene Start erwies sich jedoch als spektakulärer Fehlschlag. Zwei Sekunden nach dem Abheben hüllte sich die Rakete in Feuer und explodierte.

Die ersten Satelliten im Vergleich

	Sputnik 1	Sputnik 2	Explorer 1	Vanguard 1
Startdatum	04.10.1957	03.11.1957	01.02.1958	17.03.1958
Masse beim Start	83,6 kg	508,3 kg	13,97 kg	1,47 kg
Länge	--	400 cm	205,12 cm	--
Durchmesser	58 cm	200 cm	16 cm	15,2 cm
Umlaufzeit	96,2 min	103,73 min	114,8 min	132,7 min
Erdnähe	215–939 km	212–1.660 km	358–2.550 km	657–3.840 km
Missionsdauer	92 Tage	162 Tage	111 Tage	2.200 Tage

3 Vgl. TIME, 17. Februar 1958

Mit dem erfolg-reichen Start der Juno I im Februar 1958 gelang es den USA zum ersten Mal, einen Satelliten in die Erdumlaufbahn zu befördern.
Bild: NASA

Redstones Stunde

Der Fehlstart der Marinerakete gab dem Redstone-Team um Wern-her von Braun die Möglichkeit, sein Können unter Beweis zu stellen. Ende Januar stand in dem zur Luftwaffe gehörenden Cape Canaveral in Florida eine Rakete zum Start bereit. Es handelte sich um eine vierstufige Juno I, die auf der Höhenforschungsrakete Jupiter-C, einer abgewandel-ten Version der Redstone-Rakete, basierte. Nach mehreren Aufschüben er-folgte am 1. Februar 1958 schließlich der Start. Die Juno I beförderte den knapp 14 Kilogramm wiegenden Satelliten „Explorer 1" in die Erdum-laufbahn. Nachdem der Satellit über 58.000 Umkreisungen vollzogen hatte, trat er am 31. März 1970 in die Erdatmosphäre ein und verglühte.

Auch das Vanguard-Projekt bekam noch eine Chance. Nachdem die Marine am 5. Februar 1958 noch einmal einen Fehlstart der Rakete hin-nehmen musste, gelang es ihr am 17. März, den Satelliten Vanguard 1 erfolgreich in die Umlaufbahn zu schießen. Der rundliche, nur 1,47 Ki-logramm wiegende Vanguard 1 war das erste Raumfahrzeug, das Energie über Solarzellen gewann. Der Satellit wird voraussichtlich noch bis zum Jahr 2.200 in der Umlaufbahn bleiben und ist damit der älteste Satellit im Orbit. Die US-Armee konnte 1958 noch zwei weitere Explorer-Satelliten mit einer Juno-I-Rakete ins All befördern. Im folgenden Jahr gelangten auch noch zwei Vanguard-Satelliten in die Umlaufbahn. Damit hatte auch für die USA das Raumfahrtzeitalter begonnen.

Die Grenze zu den Sternen

Wo fängt der Weltraum an?

8

Mit den Sputnik- und Explorer-Satelliten begann das Weltraumzeitalter. Aber wie hoch muss man eigentlich fliegen, um in den Weltraum zu gelangen? Der Übergang zwischen der Erdatmosphäre und dem außerirdischen Raum erfolgt nicht plötzlich. Das erste von Menschen gebaute Objekt, das nach Meinung mancher in den Weltraum vordrang, war eine am 3. Oktober 1942 von Peenemünde abgeschossene Aggregat 4 (A4), die eine Höhe von 84,5 Kilometern erreichte. Damit überschritt sie die Grenze von 80 Kilometern Flughöhe, ab der später die amerikanischen Streitkräfte und die US-Luftfahrtbehörde FAA ihren Piloten ein Astronautenabzeichen verliehen.

Die Kármán-Linie

Am 20. Juni 1944 erreichte eine A4 sogar eine Höhe von 174,6 Kilometern. Sie überschritt damit die Grenze von 100 Kilometern über dem Meeresspiegel, die als Kármán-Linie bezeichnet wird. Theodore von Kármán (1881–1963) war Gründungsdirektor des Jet Propulsion Laboratory (JPL) im kalifornischen Pasadena. Er hatte berechnet, dass die Atmosphäre in Höhen oberhalb dieser Grenze zu dünn wäre, um Luftfahrt zu ermöglichen. Der internationale Luftsportverband FAI erkennt ebenfalls diese Höhe als Trennung zwischen Atmosphäre und Weltraum an. Damit Satelliten und andere Raumfahrzeuge eine stabile Umlaufbahn beibehalten können, müssen sie jedoch einen noch größeren Abstand von der Erdoberfläche gewinnen, nämlich mindestens 160 Kilometer. Bei dieser Entfernung beginnt der Bereich für niedrige Umlaufbahnen („Low Earth Orbit" oder LEO) von Satelliten und Raumfahrzeugen.

Blick von der Internationalen Raumstation (ISS) aus einer Höhe von etwa 400 Kilometern auf die Ostsee. Bild: NASA

9

Die Gründung der NASA

Von der Luft- zur Raumfahrt

1903 sorgten die Brüder Wright für internationales Aufsehen, als sie im amerikanischen Bundesstaat North Carolina den ersten erfolgreichen Flug mit einem motorisierten Fluggerät unternahmen. Trotz dieser Pionierleistung zeigte sich, dass beim Ausbruch des Ersten Weltkriegs einige europäische Länder den USA in der Flugtechnik überlegen waren. Um diesen Rückstand aufzuholen, gründete der amerikanische Kongress am 3. März 1915 das NACA (National Advisory Committee for Aeronautics, auf Deutsch: Nationaler Beirat für Luftfahrt) als eine unabhängige Regierungsbehörde, die direkt dem Präsidenten unterstellt war. Die Behörde schuf in den folgenden Jahrzehnten Forschungseinrichtungen und finanzierte Studien zur Verbesserung der Aerodynamik von Flugzeugen.

Neue Aufgaben

Der Sputnik-Schock von 1957 machte der amerikanischen Bevölkerung erneut bewusst, dass das Land technologisch ins Hintertreffen geraten war. Der US-Kongress reagierte abermals mit der Schaffung einer Behörde: Am 29. Juli 1958 erfolgte die Gründung der NASA (National Aeronautics and Space Administration, auf deutsch: Nationale Luft- und Raumfahrtbehörde), die für Wissenschaft und Technologie in Bezug auf Luft und Raum verantwortlich ist. Die NASA übernahm mit Beginn der Geschäftstätigkeit sowohl die 8.000 NACA-Mitarbeiter als auch die Forschungseinrichtungen der Vorläuferbehörde.

Der Entstehungsgrund von NACA, nämlich die Luftfahrt zu fördern, findet sich im Siegel der Behörde wieder. Bild: NACA

Das Siegel der NASA zeigt Planeten, Sterne, ein Objekt in einer Umlaufbahn und einen v-förmigen roten Pfeil, der für die Luftfahrt steht. Bild: NASA

Warum eine Rakete fliegt

Newtons Gesetze der Bewegung

10

Am 13. Januar 1920 erschien in der New York Times ein Leitartikel, der sich mit Robert Goddards Plänen, eine Rakete ins All zu schicken, beschäftigte: „Professor Goddard kennt die Beziehung zwischen Aktion und Reaktion nicht und die Notwendigkeit, etwas Besseres als ein Vakuum zu haben, gegen das reagiert werden kann. Es scheint ihm an Grundkenntnissen zu fehlen, die in den High-Schools täglich gelehrt werden."

Das dritte Gesetz: Auf was der Verfasser des Artikels Bezug nahm und offensichtlich missverstand, war Newtons drittes Gesetz der Bewegung, das besagt, dass jede Aktion eine gleich große und entgegengesetzte Reaktion hervorruft. Er meinte, dass es im Vakuum des Weltraums nichts gäbe, wovon sich die Rakete abstoßen könne. Tatsächlich erfolgen Aktion und Reaktion aber beim Zünden des Treibstoffes und dem Ausstoßen des Gases aus der Brennkammer. Die Aktion ist in diesem Fall der Ausstoß des Gases, und als Reaktion erfolgt die Bewegung der Rakete in die entgegengesetzte Richtung.

Das erste Gesetz: Auch die anderen Newtonschen Gesetze der Bewegung haben für die Raumfahrt Bedeutung. Das erste Gesetz besagt, dass ein Körper im Zustand der Ruhe oder einer gleichförmigen geradlinigen Bewegung verharrt, falls ihn keine äußere Kraft zwingt, diesen Zustand zu ändern. Eine Rakete, auf die das Gravitationsfeld der Erde keinen nennenswerten Einfluss mehr ausübt und die keiner anderen Anziehungskraft ausgesetzt ist, würde Richtung und Geschwindigkeit beibehalten (eine Tatsache, die auch den meisten Filmregisseuren unbekannt zu sein scheint). Aber auch für Satelliten gilt das erste Gesetz. Sie vollziehen zwar keine geradlinige Bewegung, da sie um einen Planeten kreisen. Eine stabile Umlaufbahn wird dadurch erreicht, dass sich die Fliehkraft und die Anziehungskraft ausgleichen. Solange keine andere Kraft auf das Objekt

Wussten Sie schon?
Isaac Newton (1643–1727) war ein englischer Gelehrter, auf den viele naturwissenschaftliche Erkenntnisse zurückgehen, darunter die Gesetze der Bewegung und das Gravitationsgesetz.

Ein Space Shuttle beim Start. Isaac Newton hatte bereits im 17. Jahrhundert die Gesetze formuliert, die erklären, warum eine Rakete beim Zünden des Treibstoffs abhebt. Bild: NASA

wirkt, beispielsweise die Gravitationseinflüsse anderer Gestirne, Sonnenwind oder die dünne Atmosphäre bei niedrigen Umlaufbahnen, würden die Satelliten für immer im Orbit bleiben.

Das zweite Gesetz: Gemäß Newtons zweitem Gesetz ändert ein Objekt seine Geschwindigkeit oder Bewegungsrichtung, wenn eine äußere Kraft darauf einwirkt. Diese Änderung geschieht proportional zur einwirkenden Kraft, das heißt, je größer die Kraft ist, desto größer ist die Wirkung, oder umgekehrt proportional zur Masse des Objekts, was nichts anderes heißt, als dass für Objekte mit einer großen Masse eine größere Kraft erforderlich ist, um sie beispielsweise zu beschleunigen oder abzubremsen. Je mehr Masse eine Rakete hat, desto mehr Beschleunigungskraft ist nötig. Deshalb können Kollisionen mit Gasmolekülen im Laufe der Zeit Satelliten abbremsen und sie zum Absturz bringen, während selbst Meteoriteneinschläge auf dem viel massereicheren Mond kaum Auswirkungen auf die Umlaufbahn des Erdtrabanten haben.

Späte Einsicht

Am 17. Juli 1969, einen Tag nach dem Start der Apollo-11-Mission zum Mond, gestand die New York Times übrigens ihren Fehler ein und veröffentlichte eine Richtigstellung zum Leitartikel, der über 49 Jahre früher erschienen war: „Weitere Untersuchungen und Experimente haben Isaac Newtons Erkenntnisse im 17. Jahrhundert bestätigt, und es ist jetzt unzweifelhaft, dass eine Rakete sowohl im Vakuum als auch in einer Atmosphäre funktionieren kann."

Genossen im All

Die ersten Kosmonauten

11

Anna Akimowna staunte nicht schlecht. So etwas hatte sie noch nie gesehen. Sie war am 12. April 1961 gerade beim Kartoffellegen auf einem Feld in der Nähe des Dorfes Smelowka, etwa 30 Kilometer von der Stadt Engels entfernt. Begleitet wurde sie von ihrer Enkelin. Plötzlich zupfte das Kind sie am Ärmel und deutete auf ein kugelförmiges Objekt, das an einem Fallschirm vom Himmel schwebte. Kaum war das Ding am Boden gelandet, als eine Luke aufging und eine Gestalt in einer orangefarbenen Kleidung und einem weißen Helm entstieg. Frau Akimowna und ihre Enkelin wollten schon davonlaufen, als die Gestalt den Helm abnahm und rief: „Ich bin ein Freund, Genossen, ich bin ein Freund!" Einer anderen Darstellung gemäß hatte die Landung des Unbekannten mit Schleudersitz und Fallschirm stattgefunden. Wie sich bald herausstellte, hieß der Mann Juri Gagarin. Er hatte mit dem Raumschiff Wostok 1 als erster Mensch die Flughöhe von 100 Kilometern überschritten. Nachdem sowohl die Sowjetunion als auch die USA erfolgreich Satelliten in die Umlaufbahn gebracht hatten, war die nächste Etappe in dem technologischen Rennen, das sich die beiden Großmächte immer

Das Instrumentenpult der Wostok 1. Erfindungsreich war der Globus, der so konstruiert war, dass er sich entsprechend der vom Raumschiff zurückgelegten Strecke drehte. Bild: NASA

Die Wostok-Missionen

	Wostok 1	Wostok 2	Wostok 3
Pilot	Juri Gagarin	German Titow	Andrijan Nikolajew
Datum	12. April 1961	6. bis 7. August 1961	11. bis 15. August 1962
Dauer	1 Std. 48 Min.	1 Tag 1 Std. 18 Min	3 Tage 22 Std. 22 Min.
Erdum-kreisungen	1	17	64

Juri Gagarin (1934–1968), der Sohn eines Kolchosbauern, schrieb als erster Mensch im All Weltgeschichte. 1968 kam er bei einem Flugzeugabsturz ums Leben.
Bild: ESA

offensichtlicher lieferten, der bemannte Flug in den Weltraum. Mit dem Wostok-Programm wollte die Sowjetunion dieses Rennen gewinnen. Um eine höhere Nutzlast zur Verfügung zu haben, statteten die Raketentechniker eine R-7-Rakete, die für die Sputnik-Starts verantwortlich gewesen war, mit einer dritten Stufe aus. Die Kosmonautenkapsel, die einer Person Platz bot, hatte nur einen Durchmesser von 2,65 Metern. Sie konnte über zwei Luken bestiegen werden und war mit drei Bullaugen ausgestattet.

Nach der erfolgreichen Erdumrundung der Wostok 1 mit Juri Gagarin an Bord, startete die Sowjetunion noch im August desselben Jahres die Wostok 2, die über einen Tag im All war und die Erde 17-mal umrundete. Der Kosmonaut befand sich nicht nur bedeutend länger in der Schwerelosigkeit als der Vorgänger, er begann auch, an einer Weltraumkrankheit zu leiden. Bei der Landung katapultierte er sich, wie es vorgesehen war, mit dem Schleudersitz aus der Kapsel und landete am Fallschirm.

Einen Rekord stellte die Wostok 5 mit fast fünf Tagen im All und 81 Umkreisungen auf. Von historischer Bedeutung war auch die Wostok 6. Mit Valentina Tereschkowa flog zum ersten Mal eine Frau ins All. In fast drei Tagen umkreise sie die Erde 48-mal.

	Wostok 4	Wostok 5	Wostok 6
Pilot	Pawel Popowitsch	Waleri Bykowski	Valentina Tereschkowa
Datum	12. bis 15. August 1962	14. bis 19. Juni 1963	16. bis 19. Juni 1963
Dauer	2 Tage 22 Std. 57 Min.	4 Tage 23 Std. 8 Min.	2 Tage 22 Std. 50 Min.
Erdumkreisungen	48	81	48

Ein sowjetischer Visionär

Sergei Koroljow

12

Sergei Koroljow war ein Mann mit großen Visionen. Er war nicht nur für die Erfolge in der Anfangszeit der sowjetischen Raumfahrt verantwortlich. Er hatte Ziele, die weit über Flüge in der erdnahen Umlaufbahn hinausgingen. Er wollte Raumschiffe bauen, mit denen interplanetare Flüge durchgeführt werden und die jahrelang im Weltraum unterwegs sein konnten. Für ihn war die Kosmonautik so grenzenlos wie das Weltall selbst. Sergei Koroljow war auf dem Höhepunkt seiner Karriere der Chefkonstrukteur des sowjetischen Konstruktionsbüros für Raketen und Raumfahrtausrüstung OKB-1 und der geistige Vater der Sputnik-, Wostok- und Woschod-Programme sowie der ersten Mondmissionen. Er war damit in einer gewissen Weise das sowjetische Pendant zu Wernher von Braun. Aber während von Braun eine große Bekanntheit genoss und zum internationalen Medienstar avancierte, blieb Koroljow zu Lebzeiten selbst in seinem Heimatland dem größten Teil der Bevölkerung unbekannt.

Sergei Pawlowitsch Koroljow wurde 1906 in der ukrainischen Stadt Schytomyr geboren. Er zeigte schon früh Interesse für Luftfahrt und konstruierte bereits im Alter von 17 Jahren ein Segelflugzeug. In den 1920er-Jahren begann er eine Ausbildung für Luftfahrttechnik am Polytechnischen Institut in Kiew, die er zwei Jahre später an der Moskauer Technischen Hochschule mit Auszeichnung abschloss. Seine Diplomarbeit be-

Dieses Bild von 1946 zeigt Georgi Tjulin und Sergei Koroljow (rechts) während ihres Aufenthalts in Deutschland.
Bild: NASA

stand in der Konstruktion eines kunstflugtauglichen zweisitzigen Motorflugzeugs. In den 1930er-Jahren war er an der Entwicklung von Flüssigkeitsraketen beteiligt und entwarf den Gleiter RP-318, das erste Raketenflugzeug mit Flüssigkeitstriebwerk der Sowjetunion.

Fall und Wiederaufstieg

An oberster Stelle wusste man die Dienste, die Koroljow seinem Land erbrachte, jedoch wenig zu schätzen. 1938, als Stalins Säuberungen im vollen Gang waren, wurde er verhaftet, gefoltert und zu Arbeitslager verurteilt. Er verbrachte mehrere Monate in einer Goldmine in der nordostsibirischen Region Kolyma, wo die Lebensbedingungen so schlecht waren, dass er die meisten Zähne verlor und an Skorbut erkrankte. Was ihm das Leben rettete, war der Ausbruch des Zweiten Weltkriegs. Mittlerweile hatten auch Stalin und seine Genossen den Wert einiger Gefangener für das sowjetische Militär erkannt. 1940 wurde Koroljow in eine Scharaschka verlegt. Dabei handelte es sich um

Sergei Koroljow mit einem Hund, der einen Raketenflug mitmachen musste. Anders als Laika durfte dieser vierbeinige Kosmonaut wieder heil auf der Erde landen. **Bild: NASA**

ein spezielles Lager für Wissenschaftler und Ingenieure. Dort war Koroljow an der Entwicklung des Tu-2-Bombers beteiligt, einem bedeutenden Flugzeug der sowjetischen Luftwaffe im Zweiten Weltkrieg.

Am 27. Juli 1944 wurde Koroljow von den Behörden aus der Haft entlassen, und im September 1945 reiste er nach Deutschland, um das Raketenprogramm der Nazis zu untersuchen und zu bewerten. Im August 1946, während er sich noch in Deutschland befand, wurde Koroljow zum Chef einer Abteilung der neu geschaffenen Forschungs- und Entwicklungsstätte NII-88 in der Stadt Podlipki nordöstlich von Moskau ernannt. Diese Organisation sollte für die Entwicklung und industrielle Produktion von Raketentechnologie auf der Basis deutscher Hardware verantwortlich sein. 1947 ließ sich Stalin sogar persönlich von ihm über die Möglichkeiten der Raketentechnologie informieren. Seine offizielle Rehabilitation erfolgte jedoch erst 1957. In den folgenden Jahren leitete Koroljow die Entwicklung ballistischer Raketen, von Trägerraketen, Satelliten für Wissenschaft, Militär und Kommunikation, interplanetare Sonden und bemannte Raumfahrzeuge. Sein Beitrag zum sowjetischen Weltraumprogramm wurde erst nach seinem Tod öffentlich anerkannt und gewürdigt. Er starb 1966 an den Folgen eines Operationsfehlers.

Das Mercury-Programm

Astronauten in der Umlaufbahn

13

„Mercury" hieß das erste NASA-Programm für bemannte Raumfahrt. Für das Projekt entwickelte die NASA eine kleine Raumkapsel, die nur einer Person Platz bot. Als Piloten wählte die NASA sieben Männer aus, die als die „Mercury Seven" bekannt wurden.

Für den Fall eines missglückten Starts wurden die Mercury-Kapseln mit einem Rettungsturm versehen, an dessen Spitze sich eine Feststoffrakete befand. Falls es zu einer gefährlichen Fehlfunktion der Trägerrakete kam, sollte diese Rettungsrakete zünden und die Kapsel in eine sichere Entfernung tragen. Anschließend würde die Kapsel an einem Fallschirm zur Erde gleiten. Das Testen dieses Sicherheitssystems wurde jedoch nicht mit den Redstone- oder Atlas-Raketen durchgeführt, da diese zu teuer gewesen wären. Stattdessen baute man eine relative einfache Rakete, die „Little Joe", um damit unbemannte Versuche durchzuführen. Die Tests fanden 1959 und 1960 auf Wallops Island, einer Insel vor der Küste Virginias, statt. Insgesamt gab es acht Starts, von denen zwei Fehlschläge waren. Am 4. Dezember 1959 schoss die NASA einen Rhesusaffen mit dem Namen „Sam" in eine Höhe von 88 Kilometern. Das Tier überlebte den Flug und wurde in der Mercury-Kapsel aus dem Atlantik gefischt.

Bemannte Flüge

Nach mehreren unbemannten Tests, von denen einige fehlschlugen, startete am 31. Januar 1961 erstmals ein Lebewesen an Bord einer Mercury-Redstone-Rakete. Es handelte sich um einen Schimpan-

Die bemannten Mercury-Flüge

	Mercury-Redstone 3	Mercury-Redstone 4	Mercury-Atlas 6
Pilot	Alan Shepard	Gus Grissom	John Glenn
Datum	5. Mai 1961	21. Juli 1961	20. Februar 1962
Dauer	15 Min. 22 Sek.	15 Min. 37 Sek.	4 Std. 55 Min. 23 Sek.
Erdum-kreisungen	0	0	3

sen namens Ham. Das Raumschiff flog höher und schneller als erwartet und ging 679 Kilometer abseits des geplanten Landeorts im Wasser nieder. Ham hatte den Flug gesund überstanden.

Am 5. Mai 1961 flog schließlich einer der sieben Mercury-Astronauten, Alan Shepard, mit einer Redstone-Rakete ins All. Das Raumschiff erreichte eine Höhe von 187,5 Kilometern und kehrte nach etwas über 15 Minuten zur Erde zurück. Der bekannteste Flug des Programms fand am 20. Februar 1962 statt. John Glenn hob mit einer Atlas-Rakete ab, erreichte eine Höhe von 248 Kilometern und umrundete in fast fünf Stunden dreimal die Erde. Die NASA machte mit dem Mercury-Programm wertvolle Erfahrungen. Sie erprobte, wie man Astronauten in die Erdumlaufbahn bringt, wie sie in der Schwerelosigkeit leben und arbeiten können und wie ein Raumfahrzeug im Orbit betrieben werden kann.

Am 21. Juli 1961 startete Gus Grissom auf einer Redstone-Rakete. Er erreichte eine Höhe von über 190 Kilometern. **Bild: NASA**

	Mercury-Atlas 7	Mercury-Atlas 8	Mercury-Atlas 9
Pilot	Scott Carpenter	Wally Schirra	Gordon Cooper
Datum	24. Mai 1962	3. Oktober 1962	15. Mai 1963
Dauer	4 Std. 56 Min. 5 Sek.	9 Std. 13 Min. 15 Sek.	1 Tag 10 Std. 19 Min. 49 Sek.
Erdum-kreisungen	3	6	22

Startschuss

Der Wettlauf zum Mond

14

Noch bevor der erste bemannte Weltraumflug gelang, startete die UdSSR ein Programm, das zunächst Sonden zum Mond schicken sollte. Die Missionen schienen anfangs jedoch unter keinem guten Stern zu stehen. Alleine im Laufe des Jahres 1958 explodierten drei Raketen. Die Fehlschläge wurden aber von der Sowjetunion nie in der Öffentlichkeit bekannt gegeben. Es gab deswegen keine offiziellen Benennungen dieser Flugkörper. Im Westen nannte man sie „Lunik", eine Zusammensetzung aus „Luna" (Mond) und der Endung „ik" wie in Sputnik. Der erste zumindest teilweise erfolgreiche sowjetische Flug zum Mond erfolgte im folgenden Jahr. Eine Sonde, die zunächst einfach „Kosmische Rakete" und später auch „Metschta" (Traum), Luna 1 oder Lunik 1 genannt wurde, startete am 2. Januar 1959 auf einer Wostok-Rakete von Baikonur. Die Sonde sollte auf dem Mond einschlagen, verfehlte aber das Ziel und flog am Erdtrabanten vorbei. Trotzdem lieferte die Sonde wertvolle Messwerte vom Strahlungsgürtel der Erde sowie vom Sonnenwind, und sie war das erste Raumflugobjekt, das die Erdumlaufbahn verließ.

Am 12. September 1962 hielt John F. Kennedy seine berühmte „Mond-Rede" im Stadion der Rice-Universität in Houston. **Bild:** NASA

Nach einem weiteren Fehlstart hob am 12. September 1959 von Baikonur Luna 2 ab. Die Sonde erreichte diesmal den Mond und schlug wie geplant auf der Oberfläche ein. Neben den Ergebnissen verschiedener Messinstrumente zeichnete sich die Sonde dadurch aus, dass sie das erste von Menschen gemachte Objekt war, das die Mondoberfläche erreichte. Der dritte erfolgreiche Start einer Luna-Sonde erfolgte am 4. Oktober 1959. Luna 3 umrundete den Mond und schoss Fotos von der erdabgewandten Seite des Trabanten – ebenfalls eine Pionierleistung in der Raumfahrt. Luna 3 war außerdem das erste Raumfahrzeug, das die Gravitation eines Körpers für die Navigation nutzte. Nach der erfolgreichen Mondumrundung kehrte die Sonde zur Erde zurück und verglühte im April 1960 in der Erdatmosphäre. Im selben Jahr musste die UdSSR jedoch zwei weitere Fehlstarts hinnehmen. Aber nicht besser erging es den USA. In den Jahren 1959 und 1960 versuchte die NASA im Zuge des Pioneer-Programms insgesamt vier Sonden auf Atlas-Able-Raketen zum Mond zu schicken. Alle vier scheiterten.

Die Mond-Rede

1960, zwei Jahre nach der Gründung der NASA, wählten die Wahlberechtigten mit John F. Kennedy den zweitjüngsten Präsidenten in der Geschichte der Vereinigten Staaten ins Amt. Zu diesem Zeitpunkt hatte noch nicht einmal Alan Shepard seinen kurzen Raumflug unternommen. Aber Kennedy hatte große Pläne für sein Land. Der Kalte Krieg zwischen dem Westen und den Ostblockstaaten war im vollen Gang, und der Sputnik-Schock hatte die Überlegenheit der sowjetischen Raumfahrttechnik deutlich gemacht. Kennedy sah die Notwendigkeit, nicht nur mit den Sowjets gleichzuziehen, sondern sie zu überholen.

Am 25. Mai 1961 verkündete er in einer Rede vor dem amerikanischen Kongress: „Ich glaube, dass sich diese Nation das Ziel setzen sollte, noch bevor dieses Jahrzehnt zu Ende ist, einen Menschen auf dem Mond zu landen und ihn sicher zur Erde zurückzubringen." [4]

In einer Rede im Rice-Stadion der texanischen Stadt Houston am 12. September 1962 begründete er dieses Ziel: „Wir beschließen, noch in diesem Jahrzehnt zum Mond zu fliegen und all die anderen Dinge zu tun, nicht weil sie einfach sind, sondern weil sie schwierig sind, weil dieses Ziel dazu dient, das Beste unserer Stärken und Fähigkeiten zu organisieren und zu erfassen, weil diese Herausforderung etwas ist, was wir annehmen wollen, was wir nicht verschieben wollen und was wir gewinnen wollen ..." [5]

Ob es offen ausgesprochen wurde oder nicht, der Wettlauf der beiden Großmächte zum Mond hatte begonnen.

4 Vgl. „Special Message to the Congress on Urgent National Needs". Online: www.nasa.gov/pdf/59595main_jfk.speech.pdf
5 Vgl. „John F. Kennedy Moon Speech - Rice Stadium". Online: er.jsc.nasa.gov/seh/ricetalk.htm

Einflussreicher Begleiter

Der Mond

15

Im Gegensatz zur Sonne konnte man den Mond relativ leicht beobachten, da sein Licht den Augen nicht schadete. Sobald Fernrohre zur Verfügung standen, waren Einzelheiten zu erkennen. Galileo Galilei fertigte 1610 eine Skizze des Mondes mit Gebirgen und einem Krater an. Lange Zeit war man der Annahme, dass es sich bei den dunklen Flächen, die mit bloßem Auge erkennbar sind, um Meere handeln könnte. Man gab ihnen Bezeichnungen wie „Meer der Gefahren" (lateinisch Mare Crisium), „Meer der Heiterkeit" (Mare Serenitatis), „Meer der Ruhe" (Mare Tranquillitatis) oder „Meer der Fruchtbarkeit" (Mare Fecunditatis).

Atmosphärenlos

Die Hoffnung, dass Mondbewohner, sogenannte „Seleniten", auf die Erde herabblickten, wurde zwar noch im 19. Jahrhundert hin und wieder geäußert, aber es zeigte sich bald, dass der Erdtrabant unbewohnt sein muss, da er keine Atmosphäre besitzt und deswegen auch keine Meere haben kann. Das Fehlen einer Luftschicht lässt sich mit Hilfe von Teleskopen feststellen: Wenn der Mond auf seiner Bahn einen Stern bedeckt, verschwindet das Licht des fernen Objekts abrupt hinter dem Mondrand. Anders verhält es sich bei der Beobachtung eines Planeten mit einer Atmosphäre, wie zum Beispiel der Venus, bei der das Licht eines Sternes nicht plötzlich, sondern allmählich erlischt, wenn er hinter dem Planeten verschwindet. Schließlich zeigt auch noch eine Spektralanalyse des Mondlichts das Fehlen von Luft, denn das Spektrum des Lichts, das vom Mond reflektiert wird, unterscheidet sich nicht vom Sonnenlicht.

Kollisionen sind in jungen Sonnensystemen häufiger als in älteren. Durch einen solchen interplanetaren Zusammenstoß entstand wahrscheinlich der Erdmond. Bild: NASA/JPL-Caltech

Das Entstehen des Mondes

Eine Frage beschäftigte die Astronomen schon früh: Wie kam die Erde zu ihrem Mond? In letzter Zeit gewann die folgende Hypothese an Anhängerschaft: Vor ungefähr 4,5 Milliarden Jahren, als noch bedeutend mehr Körper im Sonnensystem herumschwirrten, kollidierte die noch junge Erde mit einem etwa marsgroßen Körper. Bei dieser Kollision wurde ein Teil der Erde, vor allem der Kruste, abgetrennt und in die Umlaufbahn geschleudert. Dies würde zugleich die Ähnlichkeit des Mond- und Erdmaterials sowie die geringere Dichte des Mondes erklären. Eine neuere Kollisionshypothese modifiziert dieses Szenarium: Die Erde kollidierte mit einem anderen Körper und wurde dadurch in eine schnell rotierende Scheibe aus verdampftem Gestein verwandelt. In den äußeren Bereichen verdichtete sich das Material zu kleinen Monden (Moonlets), aus denen schließlich der Mond entstand.

Auf Crash-Kurs

Die Ranger-Sonden

16

Als Folge der missglückten ersten Pioneer-Missionen, startete die NASA im Dezember 1959 das Ranger-Programm. Die Ranger-Sonden sollten Aufnahmen von der Mondoberfläche machen. Als Trägerrakete diente die Atlas-Agena, die von der Interkontinentalrakete SM-65 Atlas abgeleitet war. Die 1961 gestarteten Sonden Ranger 1 und 2 sollten lediglich zu Testzwecken in eine elliptische Erdumlaufbahn gehen. Sie verglühten jedoch wenige Tage nach ihrem Start.

1962 starteten drei Ranger-Sonden, deren Ziel der Erdtrabant war. Allerdings bestand noch nicht die technische Möglichkeit einer sanften Landung. Während sie auf die Oberfläche zusteuerten, sollten die Raumfahrzeuge vor dem Aufschlag Aufnahmen machen und eine Instrumentenkapsel absetzen. Ranger 3 flog am Mond vorbei, bei Ranger 4 brach der Kontakt kurz nach dem Start ab. Die Sonde schlug auf der erdabgewandten Seite des Mondes ein. Ranger 5 verfehlte ebenfalls das Ziel.

Bilder von der Oberfläche

Bei den folgenden vier Sonden hatte man auf das Absetzen von Instrumentenkapseln verzichtet. Sie sollten lediglich Aufnahmen machen. Bei der 1964 gestarteten Ranger 6 ließ sich vor dem Aufschlag jedoch die Kamera nicht aktivieren. Die im selben Jahr gestartete Ranger 7 war erstmals ein Erfolg. Sie konnte vor dem Aufschlag 4.300 Fotos zur Erde funken. Die im folgenden Jahr auf dem Mond niedergehende Ranger 8 machte sogar 7.300 Bilder. Am 24. März 1965 erreichte Ranger 9 den Erdtrabanten und machte 5.814 Fotos. Die detaillierten Abbildungen erlaubten es Wissenschaftlern und Ingenieuren, den Mond genauer als je zuvor zu studieren und den Weg für die Apollo-Landungen zu ebnen.

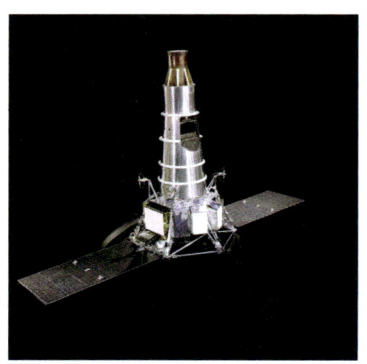

Die erfolgreichen unter den Ranger-Sonden lieferten Bilder in einer zuvor nicht möglich gewesenen Auflösung der Mondoberfläche. **Bild: NASA**

Meilensteine im All

Das Woschod-Programm

Als bekannt wurde, dass die Amerikaner an einer Kapsel für zwei Mann Besatzung arbeiteten, mussten die sowjetischen Konstrukteure reagieren. Zwar befand sich seit 1962 im OKB-1 bereits das Sojus-Raumschiff in Entwicklung, aber man brauchte etwas, mit dem man schnell auf die Herausforderung reagieren und zwei oder am besten drei Kosmonauten ins All befördern konnte. Das Ergebnis waren die Woschod-Kapseln. Hierbei handelte es sich nicht um eine Neukonstruktion, sondern um eine Weiterentwicklung der Wostok-Raumschiffe. Es wurden zwei Versionen entwickelt: eine Ausführung, die drei Kosmonauten Platz bot, und eine Variante, die Platz für zwei Personen hatte und über eine Luftschleuse den Außenbordeinsatz im Weltraum ermöglichen sollte.

Bahnbrechende Einsätze

Der Start der ersten bemannten Woschod-Mission, der Woschod 1, fand am 12. Oktober 1964 statt. Es befanden sich drei Personen an Bord. Neben einem ausgebildeten Kosmonauten nahmen auch ein Arzt und ein Ingenieur an der Mission teil. Es handelte sich um den ersten Flug eines Raumschiffes mit mehreren Besatzungsmitgliedern. Der Einsatz dauerte jedoch nur einen Tag und 17 Minuten.

Nicht weniger geschichtsträchtig war der Flug der Woschod 2 mit zwei Mann Besatzung an Bord. Der Start erfolgte am 18. März 1965. Bei diesem Einsatz verließ der Kosmonaut Alexei Leonow durch die Luftschleuse das Raumschiff und schwebte als erster Mensch im All.

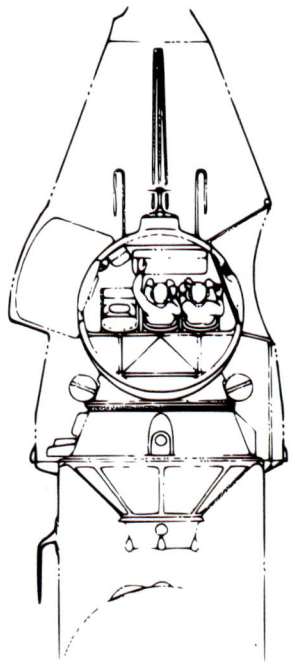

Die Skizze eines zweisitzigen Woschod-Raumschiffs. Das spitz zulaufende Schild oberhalb der Kapsel wurde nach dem Aufstieg durch die Atmosphäre abgeworfen. **Bild:** NASA

Zwillinge auf Überholspur

Das Gemini-Programm

18

Mit dem Mercury-Programm hatte die NASA erste Erfahrungen mit dem bemannten Raumflug sammeln können. Der nächste Schritt bestand darin, zwei Astronauten gleichzeitig mit einer Kapsel in die Umlaufbahn zu schicken und sie verschiedene Aufgaben durchführen zu lassen. Dabei sollten Erfahrungen beim Manövrieren des Raumschiffs sowie beim Ankoppeln an ein anderes Raumfahrzeug gewonnen werden. Die Astronauten sollten auch erstmals die Kapseln verlassen und sich im Weltraum bewegen.

Die Gemini-Kapseln flogen auf einer Titan-II-Rakete ins Weltall. Die zweistufige Titan II basierte auf der LGM-25C Titan II, einer Interkontinentalrakete. Bei den Raumfahrzeugen, mit denen Kopplungsmanöver durchgeführt werden sollten, handelte es sich um Zielflugkörper, GATV (Gemini Agena Target Vehicle) genannt, die aus einer Agena-Oberstufe und einem Andockadapter bestanden. Es klappte nicht immer alles auf Anhieb, aber die Gemini-4-Mission beinhaltete mit dem 22-minütigen Weltraumspaziergang des Astronauten Edward H. White den ersten Außenbordeinsatz der USA. Gemini 5 blieb mehr als eine Woche im Orbit. Die Missionen Gemini 6 und 7 trafen sich im Orbit. Sie steuerten so nahe aneinander heran, dass die Besatzungen einander winken konnten. Gemini 8, an dessen Bord sich Neil Armstrong befand, dockte erfolgreich an das GATV an.

Bei der Gemini-9-Mission misslang zwar das Ankoppeln an einem Zielflugkörper, aber der Astronaut Eugene Cernan verließ die Kapsel und

Die bemannten Gemini-Missionen

	Gemini 3	Gemini 4	Gemini 5	Gemini 6	Gemini 7
Besatzung	Gus Grissom und John Young	James McDivitt und Ed White	Gordon Cooper und Pete Conrad	Wally Schirra und Thomas P. Stafford	Frank Borman und Jim Lovell
Datum	23. März 1965	3.–7. Juni 1965	21.–29. August 1965	15.–16. Dezember 1965	4.–18. Dezember 1965
Dauer	4 Std., 52 Min., 31 Sek.	4 Tage, 1 Std., 56 Min., 12 Sek.	7 Tage, 22 Std., 55 Min., 14 Sek.	1 Tag, 1 Std., 51 Min., 24 Sek.	13 Tage, 18 Std., 35 Min., 1 Sek.

brachte einen Meteoritenzähler an der Außenwand des Raumschiffs an. Er verbrachte über zwei Stunden im Weltraum. Ein Kopplungsmanöver beinhaltete auch die Mission der Gemini 10. Das Docking mit dem GATV klappte diesmal so gut, dass die Aufgabe mehrmals durchgeführt wurde. Als der Treibstoff zu Ende ging, benutzten die Raumfahrer den Antrieb der angekuppelten Agena-Stufe, um damit die beiden Raumfahrzeuge in eine Höhe von 766 Kilometern über der Erdoberfläche zu bringen: Ein neuer Rekord für den bemannten Raumflug.

Die Gemini-Raumschiffe ähnelten den Mercury-Kapseln, waren aber bedeutend größer. Sie waren unter anderem dafür konstruiert, zwei Astronauten in den Erdorbit zu befördern sowie Langzeitflüge, Rendezvous-Manöver und das Docking zu testen. Bild: NASA

Gemini 11 gewann eine Höhe von 1.367 Kilometern und brach damit den Rekord der Gemini 9. Die letzte Mission, Gemini 12, löste Probleme früherer Weltraumspaziergänge. Dabei hielt sich Buzz Aldrin fünf Stunden und 36 Minuten im Weltraum auf. Im Zuge des Gemini-Programms schickte die NASA zehn bemannte Raumfahrzeuge unfallfrei in die Erdumlaufbahn. Sie zeigte damit nicht nur, dass sie die sowjetische Konkurrenz aufgeholt oder sogar überholt hatte, sie schuf damit auch die Voraussetzung für den nächsten Schritt zum Mond: das Apollo-Programm.

	Gemini 8	Gemini 9	Gemini 10	Gemini 11	Gemini 12
Besatzung	Neil Armstrong und David Scott	Thomas P. Stafford und Eugene Cernan	John Young und Michael Collins	Pete Conrad und Richard F. Gordon	Jim Lovell und Buzz Aldrin
Datum	16.–17. März 1966	3.–6. Juni 1966	18.–21. Juli 1966	12.–15. September 1966	11.–15. November 1966
Dauer	10 Std., 41 Min., 26 Sek.	3 Tage, 20 Min., 50 Sek.	2 Tage, 22 Std., 46 Min., 39 Sek.	2 Tage, 23 Std., 17 Min., 9 Sek.	3 Tage, 22 Std., 34 Min., 31 Sek.

Ein Schuss ins All

Die Weltraumkanone

19

Über Flüge im Weltraum spekulierten schon Träumer, Visionäre und Fantasten als es noch keine Raketen gab, die stark genug waren, um dem Schwerefeld der Erde zu entkommen. Der berühmte französische Schriftsteller Jules Verne veröffentlichte 1865 den Roman „Von der Erde zum Mond" und 1870 dessen Fortsetzung mit dem Titel „Reise um den Mond". In diesen Erzählungen bauen die Mitglieder eines Kanonenclubs ein riesiges Geschütz, mit der drei Männer und zwei Hunde in einer Kapsel zum Mond geschossen werden sollen. Der Abschuss klappt zwar, das Geschoss verfehlt aber das Ziel, fliegt um den Mond herum und kehrt wieder zur Erde zurück.

Neue Konzepte

Ein Objekt mit einer Kanone in den Weltraum zu schießen, wäre zwar prinzipiell möglich. Die dabei plötzlich auftretende g-Kraft (Andruckskraft) wäre jedoch so groß, dass sie die menschlichen oder tierischen Passagiere nicht überstehen würden. Trotzdem starteten in den 1960er-Jahren die Verteidigungsministerien der USA und Kanadas das Projekt HARP

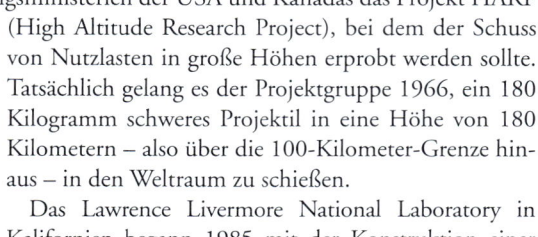

(High Altitude Research Project), bei dem der Schuss von Nutzlasten in große Höhen erprobt werden sollte. Tatsächlich gelang es der Projektgruppe 1966, ein 180 Kilogramm schweres Projektil in eine Höhe von 180 Kilometern – also über die 100-Kilometer-Grenze hinaus – in den Weltraum zu schießen.

Das Lawrence Livermore National Laboratory in Kalifornien begann 1985 mit der Konstruktion einer Leichtgaskanone ebenfalls mit dem Ziel, Satelliten in die Erdumlaufbahn zu schießen. 2010 kam es sogar zur Gründung eines Unternehmens mit dem Namen „Quicklaunch", das Nutzlasten mittels einer Kanone billiger in den Weltraum befördern sollte als es mit Raketen möglich war. Allerdings ist die Firma heute inaktiv.

In dem Roman „Von der Erde zum Mond" werden Weltraumreisende mit einer riesigen Kanone ins All geschossen.
Bild: Sammlung A. Mößmer

Der Weltraumlift

Per Aufzug in die Umlaufbahn

Gegenstände oder Lebewesen mittels Raketen in den Weltraum zu befördern, ist aufwendig, teuer und nicht ohne Gefahren. Manche stellten sich jedoch die Frage, ob es nicht möglich wäre, einen Aufzug zu bauen, der so weit nach oben fährt, dass man damit in die Erdumlaufbahn gelangen könnte. Dem russischen Raketenpionier Konstantin Ziolkowsky kam diese Idee bereits 1895 beim Anblick des Eiffelturms. Er schlug vor, eine „himmlische Burg" – damit meinte er eine geostationäre Raumstation – mit einem hohen Turm auf der Erde zu verbinden. Je weiter man im Turm nach oben käme, desto geringer würden die Erdanziehungskraft und damit auch das Gewicht werden. Am oberen Ende des Turms, in einer Entfernung von etwa 36.000 Kilometern von der Erdoberfläche, würde die Fliehkraft in die umgekehrte Richtung ziehen. Die Menschen würden ganz oben deshalb mit dem Kopf Richtung Erde stehen.

Eine dünne Verbindung

Ziolkowsky war sich dessen bewusst, dass es auf der Erde unmöglich war, ein Bauwerk mit dieser Höhe zu errichten. Aber andere nahmen die Idee auf und entwickelten sie weiter. Dazu gehörte der sowjetische Ingenieur Juri Arzutanow, der vorschlug, von einem geostationären Satelliten aus ein Seil auf die Erdoberfläche herabzulassen. Dadurch sollte es möglich sein, Gegenstände in die Umlaufbahn hochzuziehen.

Der Verwirklichung eines Weltraumlifts steht vorerst noch ein grundsätzliches Problem gegenüber: Es existiert kein Material mit der erforderlichen Zugfestigkeit. Neuere Konzepte wollen die Verwendung von Kohlenstoffnanoröhren, die sich durch ihre Stabilität und Leichtigkeit auszeichnen. Allerdings ist ihre Herstellung in der nötigen Länge noch nicht möglich.

In dieser Studie ist eine Raumstation in einer Höhe von 35.786 Kilometern über ein Kabel und einem 50 Kilometer hohen Turm mit der Erde verbunden. Bild: NASA/MSFC/Pat Rawling

Kopfrechner

Frühe Computer

21

Wenn heute Computer erwähnt werden, denkt man meist an die Heim- und Bürocomputer, die mittels Software zum Schreiben, für den Zugang zum Internet und viele andere Aufgaben benutzt werden. Ein Computerraum ist heute für gewöhnlich ein Raum, in dem mehrere Computer stehen, beispielsweise für Unterrichtszwecke. Manchmal wird anstelle des englischen Wortes „Computer" dessen deutsches Äquivalent „Rechner" verwendet. Das Rechnen oder Berechnen war die Aufgabe der ersten Computer, bei denen es sich aber noch nicht um Geräte handelte, sondern um Menschen, zumeist um Frauen. Ein Computerraum war damals noch eine Räumlichkeit, in der sich diese Personen aufhielten.

Rechenjobs

Im Laufe des 19. Jahrhunderts war es immer üblicher geworden, bestimmte Rechenaufgaben Frauen zuzuweisen, da sie geringere berufliche Perspektiven hatten und deshalb für niedrigere Löhne arbeiteten. NACA, die Vorgängerorganisation der NASA, stellte bereits 1935 weibliche Rechner ein. Um Fehler auszuschließen, arbeiteten oft mehrere Personen parallel an einer Aufgabe. Die Ergebnisse wurden dann verglichen. Mit der Einführung der ersten elektronischen Computer übernahmen die menschlichen Rechner oft auch Programmieraufgaben. Manchen der Frauen gelang es, Karriere zu machen. Christine Darden (geboren 1942) wurde zum Beispiel 1967 von der NASA für den „Computer Pool" eingestellt. Nach fünf Jahren wechselte sie zur Überschallforschung. Sie promovierte schließlich im Ingenieurwesen und wurde Ingenieurin im Bereich Überschall-Aerodynamik.

Ein Computerraum der NACA im Jahr 1949. Die Rechnerinnen nahmen manchmal mechanische Rechengeräte zu Hilfe. Bild: NASA

Die passende Kleidung

Raumanzüge

Der Weltraum ist eine lebensfeindliche Umgebung. Die Astronauten und Kosmonauten mussten deswegen in der Frühzeit der Raumfahrt selbst in den Kapseln Raumanzüge tragen. Diese Schutzkleidung stellt Sauerstoff zur Verfügung und entfernt das ausgeatmete Kohlendioxid, sorgt für den nötigen Luftdruck sowie für eine passende Temperatur, schützt beim Außenbordeinsatz vor Strahlung und Mikrometeoriten, ermöglicht die Kommunikation mit anderen Besatzungsmitgliedern sowie der Bodenstation und soll darüber hinaus flexibel genug sein, um die Beweglichkeit des Anzugträgers möglichst wenig einzuschränken.

Im Praxiseinsatz

Bei der Entwicklung der Raumanzüge lernte man aus den Erfahrungen. Der Kosmonaut Alexei Leonow, der als erster einen Weltraumspaziergang unternahm, musste feststellen, dass sich sein Raumanzug aufblähte und dass es ihm zunehmend schwerfiel, etwas mit seinen Händen zu ergreifen. Die Rückkehr in die Kapsel gelang ihm nur, indem er den Druck im Raumanzug verringerte. Bei den Gemini-Astronauten beschlug sich das Visier, was die Sicht behinderte. Die Raumanzüge wurden im Laufe der Zeit weiterentwickelt und den Anforderungen, wie zum Beispiel Mondspaziergängen, angepasst. Zu der immer komplexer werdenden Ausstattung der Raumanzüge gehört mittlerweile auch eine flüssigkeitsgekühlte Unterwäsche. Raumanzüge, die von der NASA für Aktivitäten im Raum benutzt werden, sogenannte EMUs (Extravehicular Mobility Units), würden auf der Erde 127 Kilogramm wiegen. Jeder dieser Anzüge kostet zwölf Millionen Dollar.

Die Besatzung der Gemini 3, Gus Grissom (links) und John W. Young (rechts), in ihren Raumanzügen und Helmen. Sie haben tragbare Klimaanlagen bei sich.
Bild: NASA

Die Atlas-Rakete

Ein Arbeitspferd der Raumfahrt

23

Die Entwicklung der Atlas-Rakete hatte bereits 1946 begonnen. Sie wurde aber im militärischen Bereich schon 1965 zugunsten anderer Raketen wieder aufgegeben. Stattdessen fand sie in der Raumfahrt ein Einsatzfeld. In der bemannten Raumfahrt wurde sie zuerst im Mercury-Programm verwendet. Am 21. Februar 1961 brachte eine Atlas-Rakete erstmals eine unbemannte Mercury-Kapsel in eine suborbitale Bahn, und am 29. November 1961 transportierte sie den Schimpansen Enos in die Erdumlaufbahn. Am 20. Februar 1962 erfolgte schließlich der erfolgreiche Start der Mercury-Atlas 6 mit John Glenn an Bord.

Eine Version der Atlas-Rakete mit einer Agena-Oberstufe kam ab 1960 bei der US-Luftwaffe, bei einem militärischen Nachrichtendienst

Missionen, die mit Atlas-Raketen gestartet wurden

Mission	Atlas-Modell	Datum
Mercury-Atlas 2 bis 9	Atlas LV-3B	1961–1963
Ranger-Programm	Atlas-Agena B	1961–1965
Mariner 1 und 2	Atlas-Agena B	1962
Mariner 3 bis 5	Atlas-Agena D	1964
Gemini-Programm	Atlas-Agena D	1966
Lunar-Orbiter-Programm	Atlas-Agena D	1966–1967
Surveyor-Programm	Atlas-Centaur	1966–1968
Mariner 6 bis 10	Atlas-Centaur	1969–1973
Pioneer 10	Atlas-Centaur	2. März 1972
Pioneer 11	Atlas-Centaur	5. April 1973
Mariner 10	Atlas-Centaur	3. November 1973
Mars Reconnaissance Orbiter	Atlas V	12. August 2005
New Horizons	Atlas V	19. Januar 2006
Juno	Atlas V	5. August 2011
InSight	Atlas V	17. Oktober 2018

Modelle der ersten von der NASA einge-setzten Atlas-Raketen. Die zunehmende Größe spiegelt die wachsenden Anforde-rungen an die Raketen wider. Bilder: NASA

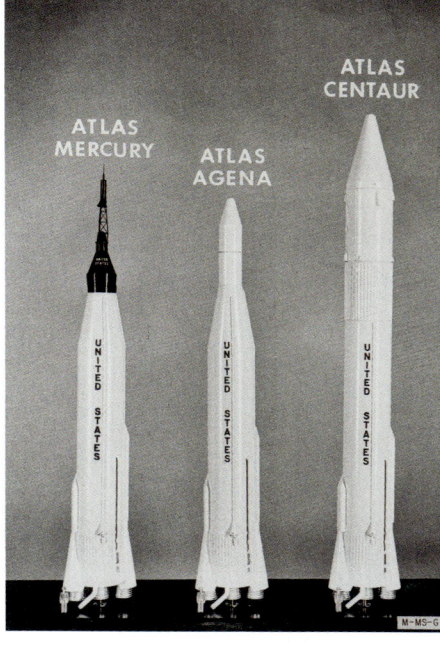

und auch bei der CIA zum Einsatz. Für die NASA beförderte diese Atlas-Ausführung die Sonden des Ranger-Programms Richtung Mond. 1962 starteten auch die ersten Mariner-Sonden auf einer Atlas-Agena. Bei den Atlas-Raketen, mit denen die Mariner-Sonden 3 bis 10 Richtung Mars und Venus geschickt wurden, handelte es sich um die Agena-D-Version.

Atlas-Centaur

Als „Amerikas Arbeitspferd im Weltraum" bezeichnete die NASA die Atlas-Centaur. Die Entwicklung der Centaur-Oberstufe begann bereits 1959. Sie zeichne-te sich durch die Verwendung von flüssigem Wasserstoff und Sauerstoff als Treibstoff aus. Der erste Einsatz für die NASA erfolgte in Verbindung mit dem Surveyor-Programm. Zur Vorbereitung der Mission wurden acht Versuchsflüge in einem Zeitraum von vier Jahren durchgeführt. Nach je-dem Testflug wurden technologische Verbesserungen vorgenommen. Atlas-Centaur-Raketen trugen später auch Mariner- und Pioneer-Sonden ins All. Die Centaur wurde später als dritte Stufe der Titan-3E-Rakete eingesetzt.

Als sich in den 1980er-Jahren zeigte, dass die Atlas-Rakete mit der Centaur-Stufe den steigenden Anforderungen nicht mehr gerecht wer-den konnte, führte man 1984 die verlängerte Atlas G Centaur ein. Weitere Entwicklung waren die 1990 eingeführte Atlas I, die ein Jahr später gestartete Atlas II sowie die 2000 erstmals gestartete Atlas III. Diese Versionen waren ebenfalls mit Centaur-Oberstufen ausgestattet. Das jüngste Mitglied der Atlas-Familie ist die Atlas V für mittlere bis schwere Nutzlasten.

The Right Stuff

Wie man Astronaut wird

24

Die Tätigkeit als Astronaut ist wahrscheinlich für viele ein Traumberuf. Aber es handelt sich um einen Job, der kaum jemals zwischen gewöhnlichen Stellenanzeigen erscheinen wird. Zudem müssen sich Bewerber den strengsten Auswahlverfahren unterziehen. Wer in den Weltraum fliegen möchte, muss dafür bestimmte Voraussetzungen mitbringen. Der Schriftsteller Tom Wolfe nannte die Qualifikationen in seinem gleichnamigen Buch über die ersten Astronauten „the right stuff".

Als die NASA 1959 sieben Astronauten aus einem Pool militärischer Testpiloten auswählte, mussten sie folgende Anforderungen erfüllen: unter 40 Jahre alt sein, weniger als 5 Fuß und 11 Zoll (180 cm) messen, sich in ausgezeichneter körperlicher Verfassung befinden, eine umfangreiche Erfahrung im Ingenieurswesen besitzen, eine Ausbildung als Testpilot haben sowie mindestens 1.500 Flugstunden vorweisen können. Die Verantwortlichen der NASA überprüften 500 Profile und wählten davon eine Gruppe von 110 qualifizierten Männern aus. Von diesen wurden jedoch nicht alle für das Training herangezogen. Diejenigen, die es in die engere Auswahl schafften, wurden ausgiebigen psychologischen und physischen Tests unterzogen. Am Ende blieben sieben Astronauten übrig: die berühmten „Mercury Seven".

Im Gegensatz zu dem öffentlichen Prozess der Auswahl amerikanischer Astronauten, ging es in der Sowjetunion geheimnisvoller zu. Im September 1959 gründete Sergei Koroljow eine Auswahlkommission für Kosmonau-

Die Rolle des Klassenclowns

Bei bemannten Flügen zu anderen Planeten, wie einer Mission zum Mars, wären mehrere Personen für eine lange Zeit auf engem Raum zusammengepfercht. Unter solchen extremen Bedingungen reicht bloße Teamfähigkeit nicht aus, um den Zusammenhalt und das Funktionieren der Gruppe zu gewährleisten. Wie Forscher festgestellt haben, ist es ebenso wichtig, dass ein Teammitglied die Rolle des Klassenclowns übernimmt. Er soll die Fähigkeit haben, Spannungen abzubauen, die Gruppe zusammenzubringen und die Moral zu stärken

Zur Ausbildung der Astronauten gehört ein Überlebenstraining. Die Kandidaten müssen drei Tage in der Wildnis verbringen.
Bild: NASA

ten, die zum Forschungsinstitut der sowjetischen Luftwaffe gehörte. Die ersten Kandidaten wurden aus einer Gruppe von 3.000 Piloten der Luftwaffe ausgewählt. Nachdem sie eine Reihe medizinischer Untersuchungen sowie körperlicher und psychischer Belastungstests durchlaufen hatten, entschied sich die Kommission für 20 Piloten, die zunächst am Moskauer Zentralflughafen eine Ausbildung erhielten. 1960 entstand etwa 40 Kilometer nordöstlich der sowjetischen Hauptstadt ein Trainingszentrum für Kosmonauten, Swjosdny Gorodok (Sternenstädtchen), das auch heute noch für die Ausbildung russischer Kosmonauten benutzt wird.

Vielseitige Anforderungen

Heute verlangt die NASA von Kandidaten für den Astronautenjob, dass sie amerikanische Staatsbürger sind, einen Bachelor in Ingenieurwissenschaften, Biologie, Physik, Informatik oder Mathematik haben, mindestens drei Jahre einschlägige Berufserfahrung nach Abschluss des Studiums oder mindestens 1.000 Flugstunden als verantwortlicher Pilot eines Düsenflugzeugs vorweisen können und den physischen Langzeittest bestehen. Außerdem muss die Sehschärfe bei der Nah- und Fernsicht auf den Wert 20/20 nach dem Snellen-Index korrigierbar sein.

Die ESA verlangt von den Bewerbern für den Raumfahrerberuf ein hohes Bildungsniveau in wissenschaftlichen oder technischen Disziplinen, gepaart mit einem hervorragenden beruflichen Hintergrund in der Forschung. Erfahrungen im Flugzeugbetrieb sind von Vorteil, insbesondere wenn es sich um verantwortungsvolle Aufgaben wie Testpilot oder Flugingenieur handelt.

Natürlich müssen sich auch bei der ESA die Kandidaten in einer hervorragenden körperlichen Verfassung befinden und sich intensiven Tests und Trainings unterziehen.

Die Mondvermesser

Lunar Orbiter, Surveyor und Luna

25

Mit dem vorrangigen Ziel, die Oberfläche des Mondes fotografisch genauer zu erfassen, um einen Landeplatz für die erste bemannte Mondmission bestimmen zu können, startete die NASA 1966 das Lunar-Orbiter-Programm. Zu diesem Zweck sollten die Sonden den Erdtrabanten umrunden und dabei mit Kameras Aufnahmen machen. Das ausgeklügelte Bildgebungssystem der Sonden konnte die Aufnahmen entwickeln, elektronisch scannen und über Funk zur Erde schicken. Innerhalb etwa eines Jahres, nämlich vom 10. August 1966 bis zum 1. August 1967, schickte die amerikanische Raumfahrtorganisation fünf Lunar-Orbiter-Sonden zum Mond. Im Gegensatz zum vorhergehenden Ranger-Programm waren alle Missionen erfolgreich. Als Trägerrakete diente die Atlas-Agena D. Im August 1966 machte die Lunar Orbiter 1 vom Orbit aus erstmals Aufnahmen von der am Mondhorizont hochsteigenden Erde. Nachdem die Sonden ihre Missionen beendet hatten, erfolgte jeweils der kontrollierte Absturz auf dem Mond. Die Sonden hatten insgesamt 2.180 hochauflösende Bilder geliefert. Damit waren 99 Prozent der Mondoberfläche erfasst.

Surveyor

Neben den Lunar-Orbiter-Sonden führte die NASA ein weiteres Programm ein, das den bemannten Flug zum Mond vorbereiten sollte: die Surveyor-Missionen. Mit diesen Raumflugkörpern sollten erstmals weiche Landungen auf der Oberfläche des Erdtrabanten durchgeführt und der Boden untersucht werden. Die Surveyor-Sonden waren ungefähr

---

Übrigens ...

Schon während der Mission der Lunar Orbiter 1 stellte man Bahnabweichungen fest, die auf erhöhte Gesteinsdichten, sogenannte „Mascons" (mass concentration), unter der Mondoberfläche zurückzuführen waren. Diese Mascons gibt es unter den großen Mondmeeren und unter einigen großen Kratern. Sie gehen wahrscheinlich auf Meteoriteneinschläge zurück. Sie können zu Bahnstörungen bei Satelliten führen und waren möglicherweise auch bei der ersten Mondlandung für eine Abweichung verantwortlich.

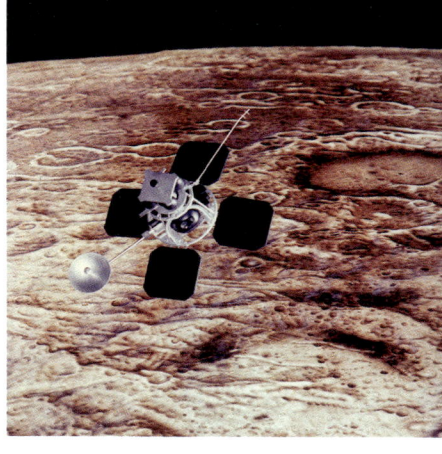

Bevor eine bemannte Landung auf dem Mond stattfinden konnte, musste die Oberfläche des Erdtrabanten kartographiert werden. Diesem Zweck dienten die Bilder der Lunar Orbiter. **Bild: NASA**

doppelt so schwer wie die Lunar-Orbiter-Geräte. Die Missionen bekamen deshalb als Trägerrakete die Atlas-Centaur, die eine höhere Nutzlast ins All tragen konnte. Gleichzeitig wollte man mit der neuen Oberstufe flüssigen Wasserstoff und Sauerstoff als Antriebsmittel erproben.

Bereits der erste Flug erwies sich als Erfolg. Surveyor 1 startete am 30. Mai 1966 und landete am 7. Januar 1967 als erste amerikanische Sonde weich auf dem Mond. Sie schickte Bilder sowie Daten über die Temperatur und die Stärke der Oberfläche zur Erde. Von den bis zum 7. Januar 1968 gestarteten sieben Sonden erlitten Surveyor 2 und 4 Bruchlandungen auf dem Mond. Die anderen Sonden nahmen zahlreiche Bilder auf und testeten mit verschiedenen Methoden die Beschaffenheit des Bodens.

Luna

Nach der erfolgreichen Mondumrundung der Sonde Luna 3 (Lunik 3) im Jahr 1959, hatte das sowjetische Mondprogramm zunächst eine Pause eingelegt. Erst 1963 wurde das Vorhaben mit einer neuen Generation von Luna-Sonden wieder aufgenommen. Als Trägerrakete für die schwereren Raumsonden wählte man die vierstufige Molnija-Rakete, die bereits für Mars- und Venus-Missionen Verwendung gefunden hatte. Allerdings hatte das Programm mit zahlreichen Fehlstarts und anderen Fehlfunktionen zu kämpfen. Die erste Sonde, die den Erdorbit verlassen konnte, war die am 2. Mai 1963 gestartete Luna 4. Das Raumfahrzeug verfehlte das Ziel und geriet in eine Sonnenumlaufbahn. Am 9. Mai 1965 startete Luna 5. Die Sonde kam jedoch ins Rotieren und schlug drei Tage nach dem Start auf dem Mond ein. Fehlschläge waren auch die folgenden drei Sonden. Erst Luna 9 gelang am 7. Februar 1966 eine erfolgreiche Landung. Damit hatte zum ersten Mal eine Sonde weich auf dem Mond aufgesetzt. Am 24. Dezember 1966 gelang einer weiteren Sonde des Programms, Luna 13, ebenfalls die Landung auf dem Mond.

Vorbereitung zum Mondflug

Das Apollo-Programm

26

Laut NASA hatte das Apollo-Programm nicht nur das Ziel, auf dem Mond zu landen, sondern darüber hinaus auch:

• Die Überlegenheit der Vereinigten Staaten im Weltraum zu zeigen,

• ein Programm zur wissenschaftlichen Erforschung des Mondes durchzuführen,

• die menschliche Fähigkeit, im Mondumfeld zu arbeiten, zu entwickeln,

• eine Technologie zur Erfüllung anderer nationaler Interessen im Weltraum zu erwerben.

Pläne für den Bau einer leistungsstarken Trägerrakete mit der Bezeichnung „Saturn" hatte man schon 1959 diskutiert, bevor Präsident John F. Kennedy das Ziel erklärte, einen Menschen auf den Mond zu schi-

Das Apollo-Raumschiff

setzte sich aus zwei Teilen zusammen: Kommandomodul und Servicemodul. Das Kommandomodul war das Kontrollzentrum, in dem sich die Astronauten aufhielten. Es war der einzige Teil des Raumfahrzeugs, der am Ende der Mission zur Erde zurückkehrte.

Das Servicemodul enthielt die Lebenserhaltungs- und Kommunikationssysteme, Steuertriebwerke und das Haupttriebwerk. Das Servicemodul blieb während der gesamten Mission mit dem Kommandomodul verbunden. Kurz vor dem Wiedereintritt in die Erdatmosphäre trennten sich beide Teile.

An das Kommandomodul war – wie bereits bei den Mercury-Kapseln – beim Start eine Rettungsrakete (Apollo Launch Escape System) montiert. Sie sollte das Kommandomodul im Fall einer Explosion oder eines Feuers vor oder nach dem Start aus der Gefahrenzone befördern und an einem Fallschirm wieder auf die Erde bringen. Die Notfallrakete wurde bei einem unproblematischen Verlauf des Starts 20 bis 30 Sekunden nach dem Zünden der zweiten Stufe abgeworfen.

Während des Starts befand sich die Mondfähre in dem Raumschiff-Mondfähre-Adapter. Kurz nachdem der Kurs zum Mond eingeschlagen war, vollführte die Apollokapsel ein Wendemanöver, um an die Fähre anzukoppeln und sie aus dem Adapter zu ziehen.

Während der Erdumkreisung führte die Apollo 7 ein Rendezvous mit der zweiten Stufe der Saturn-Rakete durch. Damit wurde das Ankoppeln an die Mondlandefähre simuliert. Bild: NASA

cken. Tests mit der Rakete begannen 1961. Aber der Tod von drei Astronauten am 27. Januar 1967 durch einen Brand in der Kapsel der Apollo 1 versetzte dem Programm zunächst einen Rückschlag. Die Missionen Apollo 4 bis Apollo 6 (Apollo 2 und 3 gab es nicht) waren unbemannt. Sie dienten dem Test der Trägerrakete Saturn V, die schließlich bemannte Raumschiffe zum Erdtrabanten schicken sollte.

Apollo 7

Der erste bemannte Apollo-Flug war eigentlich schon für Februar 1967 vorgesehen gewesen, wurde aber wegen des Apollo-1-Unglücks verschoben. Am 11. Oktober 1968 hob schließlich an der Spitze einer zweistufigen Saturn-1B-Rakete die Apollo 7 ab. Die Besatzungsmitglieder waren Walter Schirra, der bereits an den Mercury- und Gemini-Programmen beteiligt gewesen war, sowie Donn Eisele und Walter Cunningham. Eine Mondfähre wurde noch nicht mitgeführt. Vorerst ging es noch um Tests des Raumschiffs und der Missionsunterstützungseinrichtungen. Darüber hinaus sollte eine Live-TV-Sendung aus dem All übertragen werden. Während des elftägigen Aufenthalts im All kreiste die Apollo 7 163-mal um die Erde. Dabei wurden 51 Experimente durchgeführt. Als Test der Rendezvousfähigkeit entkoppelte sich das Apollo-Raumschiff von der zweiten Saturn-Stufe, wendete und simulierte die Manöver, die zukünftige Missionen beim Ankoppeln an der Mondlandefähre durchzuführen hatten. Während des Weltraumaufenthalts beklagten sich die Astronauten über Schnupfen sowie über Magenschmerzen. Für Letzteres machte man im Kontrollzentrum in Houston die mitgeführte Nahrung verantwortlich, die möglicherweise nicht den Erfordernissen der Astronauten entsprach. Im Allgemeinen war die Apollo-7-Mission jedoch ein großer Erfolg für die NASA.

Das Emblem der Apollo-7-Mission
Bild: NASA

Reise zum Mond ...

... und zurück

27

Die Apollo-7-Mission hatte die Funktionsfähigkeit des Kommando- und des Servicemoduls unter Beweis gestellt. Am 21. Dezember 1968 startete nun erstmals eine Saturn V mit einem bemannten Raumschiff an der Spitze Richtung Mond. An Bord der Apollo 8 befanden sich Frank Borman und Jim Lovell, die beide mit dem Flug der Gemini 7 bereits Weltraumerfahrung gemacht hatten, sowie William Anders. Drei Stunden und 22 Minuten nach dem Start zündete die dritte Stufe der Trägerrakete, um das Raumschiff aus der Erdumlaufbahn zu bringen. Nach 69 Stunden Flugzeit erreichten sie ihr Ziel und umkreisten zehnmal den Mond.

Während der Mission fanden sechs Fernsehübertragungen von der Apollo-Kapsel aus statt. Diese Sendungen wurden weltweit und in Echtzeit auf allen fünf Kontinenten ausgestrahlt. Unter anderem schilderten die Astronauten ihre Eindrücke. Frank Borman sprach von einer „unheilvollen, ehrfurchtgebietenden Einsamkeit". Und Jim Lovell meinte: „Die überwältigende Abgeschiedenheit hier oben auf dem Mond ist beeindruckend und lässt einen erkennen, was wir dort auf der Erde haben. Die Erde ist von hier aus gesehen eine großartige [Oase] im Vergleich zu der großen Weite des Weltraums." [6]

Apollo 9 und 10

Der Flug der Apollo 8 zum Mond war noch ohne die Mondfähre erfolgt. Nun ging es darum, das Mondlandemodul zu testen. Zu diesem Zweck startete am 3. März 1969 Apollo 9 mit den Astronauten James McDivitt, der bereits am Flug der Gemini 4 teilgenommen hatte, David Scott, der mit Gemini 8 seine ersten Weltraumerfahrungen gemacht hatte,

Apollo 8, 9 und 10 im Überblick

Mission	Zeitraum	Besatzung
Apollo 8	21. Dezember 1968 bis 27. Dezember 1968	Frank Borman, Jim Lovell, William Anders
Apollo 9	3. März 1969 bis 13. März 1969	James McDivitt, David Scott, Russell Schweickart
Apollo 10	18. Mai 1969 bis 26. Mai 1969	Tom Stafford, John Young, Eugene Cernan

6 Vgl. „Crew of Apollo 8 - A View from Lunar Orbit", 1968.
Online: www.archives.gov/exhibits/eyewitness/html.php?section=25

Die dritte Stufe einer Saturn V brachte das Apollo-8-Raumschiff auf den Weg zum Mond. Damit verließ zum ersten Mal eine bemannte Mission die Erdumlaufbahn.
Bild: NASA

sowie mit dem Neuling Russell Schweickart, der als Pilot des Mondlande-moduls fungieren sollte. Ein Flug zum Mond war für diese Mission nicht nötig. Stattdessen wurden alle Tests in der Erdumlaufbahn vollzogen. Apollo 9 führte das Ankoppeln des Raumschiffs an die Fähre durch – was bereits mit Apollo 7 simuliert worden war. Anschließend stiegen McDivitt und Schweickart durch den Verbindungstunnel zur Fähre um. Es handelte sich dabei um eine weitere Premiere in der Geschichte der Raumfahrt. Nachdem sich die beiden Raumfahrzeuge voneinander getrennt hatten, führte die Besatzung mehrere Steuermanöver durch. Die Mission dauerte zehn Tage, wobei die Astronauten die Erde 151-mal umrundeten.

Mit der am 18. Mai 1969 gestarteten Apollo-10-Mission sollten noch einmal alle Aspekte einer Mondlandung, mit Ausnahme des tatsächlichen Aufsetzens auf der Oberfläche, erprobt werden. Die Besatzung bestand aus Tom Stafford und John Young, die beide bereits an zwei Gemini-Missionen teilgenommen hatten, sowie Eugene Cernan, der ebenfalls Gemini-Erfahrung hatte. Die Ziele umfassten eine geplante acht Stunden dauernde Mondumkreisung des getrennten Mondmoduls und ein Abstieg auf ungefähr 15 Kilometer über der Oberfläche, bevor der Aufstieg zum Rendezvous und dem Andocken an das Apollo-Raumschiff in einer Höhe von ungefähr 113 Kilometern erfolgen sollte. Die Daten, die bei dieser Landungsprobe gesammelt wurden, dienten der Optimierung der erdbasierten Techniken zur Verfolgung von bemannten Raumflügen, der Programmierung von Flugbahnen sowie der Verbesserung der Radar- und Mondflugkontrollsysteme. Einige Momente des Schreckens gab es, als das Mondlandemodul ins Taumeln geriet. Aber der Pilot konnte durch das Zünden kleinerer Bremsraketen das Raumfahrzeug unter Kontrolle bringen. Alle Missionsziele waren erreicht worden, als die Kapsel der Apollo 10 am 26. Mai 1969 wohlbehalten im Pazifischen Ozean landete.

Apollo 11

Ein großer Sprung für die Menschheit

28

„Dies ist ein kleiner Schritt für einen Menschen, aber ein großer Sprung für die Menschheit." Acht Jahre, nachdem John F. Kennedy als Ziel ausgegeben hatte, bis zum Ende des Jahrzehnts Astronauten auf den Mond zu bringen, war es so weit: Ein Mensch betrat zum ersten Mal einen anderen Himmelskörper.

Nachdem die vorhergehenden Apollo-Missionen die einzelnen Schritte für dieses historische Ereignis erprobt hatten, startete Apollo 11 am 16. Juli 1969 auf einer Saturn V von Cape Kennedy und brachte Neil Armstrong, den Kommandanten des Unternehmens, Michael Collins, den Piloten des Kommandomoduls sowie Edwin „Buzz" Aldrin, den Piloten der Mondlandemoduls „Eagle" (Adler) in eine Umlaufbahn von etwa 190 Kilometern über der Erdoberfläche. Nach eineinhalb Umkreisungen zündete die dritte Stufe und schickte das Raumschiff Richtung Mond. Anschließend trennte sich das Raumschiff, „Columbia" genannt, von der Stufe und vollführte das Manöver zum Ankoppeln an die Mondlandefähre. Nachdem beide Raumfahrzeuge aneinandergekoppelt waren, trennte sich die Saturn-V-Stufe und schlug eine Bahn um die Sonne ein.

Nach einer Flugdauer von 76 Stunden erreichte Apollo 11 den Mond und schwenkte in einen Mondorbit ein. Am 20. Juli begaben sich Armstrong und Aldrin in die Fähre und überprüften noch einmal alle Geräte. Um 18 Uhr 44 mitteleuropäischer Zeit (17:44:00 UTC) koppelte die „Eagle" von der „Columbia" ab und begann den Landeanflug. Für den Fall, dass die Landung in einem Unglück enden würde, war für den amerikanischen Präsidenten bereits eine Rede vorbereitet worden.

Tatsächlich lief nicht alles wie geplant. Nicht nur die Besatzung der Eagle war angespannt, auch im Missionskontrollzentrum in Houston musste man einige nervenaufreibende Minuten durchstehen. Etwa 1.500 Meter über der Oberfläche begann ein Alarm zu ertönen. Ausgelöst wurden die Warnsignale vom Navigationscomputer (Apollo Guidance Computer), der überlastet war, weil er sowohl vom Landeradar als auch vom Rendezvousradar Daten erhielt und deshalb Fehlermeldungen ausgab. Der Landevorgang konnte trotzdem fortgesetzt werden. Im Kontrollzentrum hielt man erneut den Atem an, als Neil Armstrong das Steuer übernahm, weil die Fähre dabei war, in einem Geröllfeld niederzugehen. Als er schließlich eine geeignete Landestelle gefunden hatte, war nur noch Treibstoff für etwa 20 Sekunden vorhanden. Es war 21 Uhr 18 MEZ (20:17:58 Uhr UTC) als Armstrong an die Zentrale durchgeben konnte: „Houston, ah … hier ist ‚Tranquility Base‘. Der ‚Adler‘ ist gelandet!"

„Hier sind einige Leute, die kurz davor sind, blau anzulaufen", kam es von der Zentrale. „Wir atmen wieder. Vielen Dank!" [7]

Ein historischer Schritt

Ungefähr 600 Millionen Menschen auf der Welt konnten auf den Fernsehschirmen miterleben, wie Neil Armstrong den Mondboden betrat. 20 Minuten später folgte ihm Buzz Aldrin. Die beiden Astronauten verbrachten 21 Stunden und 36 Minuten auf dem Mond. Sie führten mehrere wissenschaftliche Experimente durch und luden 21,55 Kilogramm Oberflächenmaterial in die Fähre.

Vor dem Rückflug bestand noch einmal Gelegenheit zum Nervenkitzel, denn der Schalter zum Aktivieren des Hauptantriebs für den Start war abgebrochen. Aldrin gelang dennoch die Betätigung, und zwar mit Hilfe eines Filzstifts. Das Rendezvous mit der „Columbia" und der Rückflug zur Erde verliefen problemlos.

Die Astronauten ließen auf dem Mond zwei Geräte zurück, nämlich einen Seismographen, um die Bodenerschütterungen zu messen, und einen Laserreflektor, mit dessen Hilfe die genaue Entfernung von der Erde zum Mond gemessen werden konnte. Für spätere Mondbesucher waren noch andere hinterlassene Gegenstände gedacht: ein Abzeichen mit den Namen der drei ums Leben gekommenen Apollo-1-Astronauten, ein goldener Olivenzweig sowie eine Nachrichtendiskette mit Botschaften von Politikern und den Namen anderer wichtiger Persönlichkeiten, die zum Zustandekommen der Mission beigetragen hatten.

Buzz Aldrin neben einem der wissenschaftlichen Geräte im „Meer der Ruhe". Im Hintergrund ist die Mondlandefähre „Eagle" zu sehen.
Bild: NASA

7 Online: www.nasa.gov/mission_pages/apollo/apollo11_audio.html.
„Tranquility Base" bezeichnete den Landepunkt im „Mare Tranquillitatis", dem „Meer der Ruhe".

Glück im Unglück

Apollo 12 und 13

29

Bereits im November 1969, nur vier Monate nach der ersten Mondlandung, startete mit der Apollo 12 die nächste Mission zum Erdtrabanten. „Yankee Clipper" hieß diesmal das Raumschiff, und „Intrepid" war die Bezeichnung der Mondfähre. An Bord befanden sich Charles Conrad, der bereits an zwei Gemini-Missionen teilgenommen hatte, Richard Gordon, der mit Gemini 11 gestartet war, und Alan Bean, der zum ersten Mal bei einem Raumflug mitmachte.

Bereits wenige Sekunden nach dem Start gab es wieder einen Grund, den Atem anzuhalten. Die Rakete wurde zweimal vom Blitz getroffen, was zum Ausfall des elektrischen Bordnetzes führte. Aber der Stromausfall war nur vorübergehend und beeinträchtigte den Weiterflug nicht. Die Mondlandung erfolgte am 19. November im „Ozean der Stürme" (Oceanus Procellarum), nicht weit von der Stelle, an der im April 1969 die Sonde Surveyor 3 niedergegangen war. Anders als bei der vorhergehenden Mission gelang eine punktgenaue Landung. Die Sonde war eines der Missionsziele. Die beiden gelandeten Astronauten, Conrad und Bean, begaben sich zu der nur 180 Meter entfernten Sonde und montierten einige Teile ab, um sie zur Erde zurückzubringen. Außerdem positionierten

Nach der Trennung vom Kommandomodul war das Ausmaß der Schäden am Servicemodul von Apollo 13 gut erkennbar.
Bild: NASA

die Astronauten wissenschaftliche Geräte, ALSEP (Apollo Lunar Surface Experiments Package) genannt, die über längere Zeit Daten vom Erdtrabanten liefern sollten. Ein seismisches Experiment konnte man nach dem Start der Oberstufe der „Intrepid" und der Ankopplung an dem Mutterschiff durchführen, indem man die nicht mehr gebrauchte Landefähre auf dem Mond aufschlagen ließ.

Der Unglücksflug

Die Rückkehr der Apollo 12 war problemlos verlaufen. Wer aber glaubte, Mondfahrten würden nun zur Routine werden, hatte sich getäuscht. Am 11. April 1970 startete Apollo 13 mit dem erfahrenen Astronauten Jim Lovell, der bereits am Flug der Apollo 8 teilgenommen hatte, sowie Jack Swigert und Fred Haise, die noch keine Weltraumerfahrung gesammelt hatten.

Etwa 56 Stunden nach dem Start kam Lovells Meldung: „Houston, wir haben ein Problem." Zunächst hatte die Mannschaft einen lauten Knall vernommen. Anschließend war es zum Zusammenbruch der Energieversorgung gekommen. Wie man bald darauf feststellen konnte, war einer der Sauerstofftanks explodiert. Durch die Explosion waren die Leitungen beschädigt worden, wodurch auch der Inhalt des anderen Tanks verloren ging. Ein Funktionieren der Brennstoffzellen, die Strom und Wasser erzeugten, war deshalb nicht mehr möglich. Es blieb nichts anderes übrig, als die Mission abzubrechen und zur Erde zurückzukehren. Zunächst musste das Raumschiff jedoch den Mond umrunden, um durch die Ausnutzung der Gravitation des Erdtrabanten wieder den Kurs Richtung Heimatplaneten einzuschlagen. Alle Geräte, einschließlich der Heizung, aber mit Ausnahme des Funkgeräts, mussten während dieser Zeit ausgeschaltet werden. Als eine Art Rettungsboot fungierte die Mondlandefähre, die über eigene Batterien und Sauerstoffvorräte verfügte. Ohne Heizung fiel die Temperatur auf zwei bis fünf Grad Celsius. Die Astronauten landeten am 17. April 1970 trotz aller widrigen Umstände wohlbehalten im Pazifischen Ozean.

Eckdaten der beiden Apollo-Missionen

Mission	Zeitraum	Besatzung
Apollo 12	14. November 1969 bis 24. Nov. 1969	Charles „Pete" Conrad, Richard Gordon, Alan Bean
Apollo 13	11. April 1970 bis 17. April 1970	Jim Lovell, Jack Swigert, Fred Haise

Mondraketen

Saturn V und N1

30

Die Apollo-Missionen wären ohne eine geeignete Trägerrakete nicht möglich gewesen. Um den Mond zu erreichen, musste erst eine Rakete entwickelt werden, die eine entsprechende Last in den Weltraum tragen konnte. Die Saturn V bestand in der Regel aus drei Stufen. Die erste Stufe, auch „S-IC" genannt, wurde von Boeing hergestellt. Sie war mit fünf Triebwerken vom Typ Rocketdyne F-1 bestückt. Beim Start waren sie nur für 168 Sekunden tätig, wobei sie gemeinsam einen Schub von 33.737,5 Kilonewton lieferten. Als Treibstoff dienten ein kerosinähnliches Kohlenwasserstoffgemisch mit der Bezeichnung „RP-1" sowie flüssiger Sauerstoff. Die erste Stufe brachte die Rakete in eine Höhe von etwa 67 Kilometern und auf eine Geschwindigkeit von 2.300 Metern pro Sekunde.

Die zweite Stufe, „S-II", wurde von North American Aviation gebaut. Sie war mit fünf J-2-Triebwerken von Rocketdyne ausgestattet. Als Treibstoff dienten flüssiger Wasserstoff und flüssiger Sauerstoff. Die S-II brachte die Rakete mit einer Schubkraft von 4.900 Kilonewton in 390 Sekunden durch die obere Atmosphäre in eine Höhe von ungefähr 175 Kilometern. Sie erreichte dabei eine Geschwindigkeit von fast 7.000 Metern pro Sekunde.

Die dritte Stufe, „S-IVB", wurde von der Douglas Aircraft Company gebaut und war nur mit einem einzigen Triebwerk vom Typ Rocketdyne J-2 ausgestattet. Es konnte für eine Brenndauer von 475 Sekunden einen Schub von 1.033 Kilonewton erzeugen. Die S-IVB arbeitete mit dem gleichen Treibstoff wie die zweite Stufe. Bei den Mondflügen wurde die dritte Stufe zweimal gezündet. Einmal nach der Trennung von der zweiten Stufe, um in eine Umlaufbahn um die Erde zu gelangen, und ein weiteres

Saturn V und N1 im Vergleich

	Saturn V	N1-L3
Stufen	3	5
Höhe	111 m	105,3 m
Max. Durchmesser	10,08 m	22,4 m
Startmasse	2.962 t	2.800 t
Max. Nutzlast (LEO)	118 t	90 t

Die erste Stufe der Saturn V war mit fünf leistungsstarken Triebwerken versehen.
Bild: NASA

Mal, um das Raumschiff Richtung Mond zu bringen.

Insgesamt wurden 13 Flüge mit einer Saturn V unternommen. Zwei davon waren unbemannt, nämlich Apollo 4 mit einem Kommandomodul und Apollo 6 in voller Ausstattung mit einer Mondlandefähre. Zehn Starts brachten Apollo-Missionen zum Mond. Der 13. Flug erfolgte nur mit zwei Stufen. Er brachte 1973 die Raumstation „Skylab" in die Erdumlaufbahn.

Die sowjetische Mondrakete

Schon 1959 arbeitete in der Sowjetunion das Experimental-Konstruktionsbüro 1 (OKB-1) unter Koroljow an einer Trägerrakete, die unter anderem einen bemannten Flug zum Mond ermöglichen sollte. Sie erhielt die Bezeichnung N1, wobei die Abkürzung N für „Raketa-nositel" (Trägerrakete) stand. N1-L3 hieß die Version der Rakete, die der Saturn V und den Apollo-Raumschiffen Konkurrenz machen sollte. Die Ausführung war mit fünf Stufen versehen. Die vierte Stufe, auch Transferstufe oder „Block G" genannt, sollte das Sojus-Raumschiff und die Landefähre aus der Erdumlaufbahn zum Mond bringen. Beim Erdtrabanten würde dann die fünfte Stufe, die Bremsstufe beziehungsweise „Block D", das Raumfahrzeug abbremsen und in den Mondorbit einschwenken lassen.

Ein Problem bei der Umsetzung des Konzepts waren die Triebwerke. Während die erste Stufe der Saturn V mit fünf leistungsstarken F-1-Triebwerken auskam, hatten die sowjetischen Konstrukteure nichts Vergleichbares. Um die nötige Schubkraft zu erzeugen, musste die ersten Stufe mit 30 kreisförmig angeordneten Triebwerken versehen werden. Da jedoch für den Bau eines Teststands keine Mittel vorhanden waren, bestand keine Möglichkeit, das Zusammenspiel dieser vielen Triebwerke zu erproben. Die Folge waren vier katastrophale Fehlstarts in den Jahren 1969 bis 1973, die dem N1-Programm ein Ende setzten.

Abschied vom Mond

Die letzten Apollo-Missionen

31

Der erste Schritt eines Astronauten auf dem Mond sollte ein großer Sprung für die Menschheit sein. Nicht nur Neil Armstrong war davon überzeugt, auch andere Visionäre sahen das so. Der Mond sollte nur eine Zwischenstation zu den Planeten des Sonnensystems und darüber hinaus sein. Unter einem Großteil der Politiker, die für das NASA-Budget verantwortlich waren, herrschte dagegen eine andere Meinung. Die Apollo-Missionen hatten ihre Rolle erfüllt: Sie hatten in der Zeit des Kalten Krieges gezeigt, dass die USA die Sowjetunion wirtschaftlich und technologisch schlagen konnten. Mit einem Anteil von 4,41 Prozent am Haushalt der amerikanischen Bundesregierung hatte die Raumfahrtorganisation 1966 mehr Finanzmittel als jemals zuvor erhalten. Aber von nun an hatte der Rotstift das Sagen. 1969, im Jahr der Mondlandung, bekam die NASA nur noch 2,31 Prozent der Haushaltsmittel, und 1976 war dieser Anteil bereits auf unter ein Prozent gesunken. Vom Aufbruch der Menschheit zu den Sternen war selbst unter den Visionären keine Rede mehr.

Die Streichungen aus Kostengründen im Apollo-Programm begannen bereits 1970. Von den ursprünglich geplanten 20 Missionen wurden nur noch 17 verwirklicht. 1971 landeten Apollo 14 und 15 auf dem Mond. Zu den Astronauten gehörte Alan Shepard, der zehn Jahre zuvor als erster Amerikaner einen Raumflug unternommen hatte. Bei der Apollo-14-Mission verwendeten die Astronauten eine Art Handkarren zum Transport von Geräten. Mit dem Landemodul der Apollo 15 kam erstmals ein Fahr-

Die letzten Mond-Missionen

Mission	Zeitraum	Besatzung
Apollo 14	31. Januar 1971 bis 9. Februar 1971	Alan Shepard, Stuart Roosa, Edgar Mitchell
Apollo 15	26. Juli 1971 bis 7. August 1971	David Scott, Alfred Worden, James Irwin
Apollo 16	16. April 1972 bis 27. April 1972	John Young, Thomas Mattingly, Charles Duke
Apollo 17	7. Dezember 1972 bis 19. Dezember 1972	Eugene Cernan, Ronald Evans, Harrison Schmitt

Eugene Cernan auf dem Apollo-17-Mondauto vor der Mondlandefähre. **Bild:** NASA

zeug auf den Mond. 1972 setzten die Landefähren von Apollo 16 und 17 auf. Zum ersten Mal befand sich auch ein Geologe, Harrison Schmitt, an Bord. Auch diese Missionen verwendeten ein Fahrzeug, um größere Distanzen zurücklegen zu können.

Der rote Stern auf dem Mond

Die Sowjetunion gab sich beim Rennen zum Mond nicht ganz geschlagen, obwohl ihr eine Rakete wie die Saturn V fehlte. Sie setzte ab 1969 ihr Luna-Programm mit der Rakete Proton K/D fort. Am 13. Juli 1969, drei Tage vor der Apollo-11-Mission, startete die Sonde Luna 15. Das Raumfahrzeug schwenkte am 17. Juli in eine Umlaufbahn um den Mond ein. Eine Landung misslang jedoch. Am 21. Juli, während sich die amerikanischen Astronauten noch auf dem Mond befanden, zerschellte die Sonde auf der Oberfläche.

Nach mehreren Fehlstarts weiterer Raketen gelang der Luna 16 am 20. September 1970 eine Mondlandung. Die Sonde nahm eine Bodenprobe von etwa 100 Gramm auf (im Vergleich dazu: Apollo 11 hatte 21,55 Kilogramm Mondgestein mitgenommen) und kehrte erfolgreich zur Erde zurück. In den folgenden Jahren landeten vier weitere Luna-Sonden auf dem Mond. Zwei davon brachten Proben der Oberfläche zurück. Von besonderer Bedeutung waren die ferngesteuerten Mondautos Lunochod 1 und Lunochod 2, die mit der Luna 17 beziehungsweise Luna 21 auf den Mond gelangten und der Erkundung des Erdtrabanten dienten. Mit der Rückkehr der Sonde Luna 24, die am 22. August 1976 170 Gramm Bodenprobe zur Erde brachte, verabschiedete sich auch die Sowjetunion vom Mond.

Ein Labor im Orbit

Skylab

32

Nach dem Ende der Mondflüge war noch Hardware aus dem Apollo-Programm vorhanden. Bei der NASA, wo man mit einem geschrumpften Haushalt auskommen musste, fand man auch dafür eine Verwendung: die erste amerikanische Raumstation. Sie hatte eine Länge von 15 Metern und einen Durchmesser von 6,6 Metern. Es handelte sich dabei um eine umgebaute zweite Stufe einer Saturn-IB-Rakete beziehungsweise um die dritte Stufe einer Saturn V. Die Raumstation mit der Bezeichnung „Skylab" (Himmelslabor) wurde am 14. Mai 1973 mit dem letzten Start einer Saturn V in einer Höhe von etwa 438 Kilometern in eine Umlaufbahn um die Erde gebracht. Schwierigkeiten gab es bereits nach dem Start. Ungefähr eine Minute nach dem Abheben löste sich ein Mikrometeoritenschutzschild. Der Schild riss eines der beiden Solarmodule ab und beschädigte das andere. Die Raumstation gelangte zwar in die Umlaufbahn, nach dem Ausfahren der Solarzellenflügel zeigte sich aber, dass nur die Hälfte der nötigen Energie zur Verfügung stand. Da der abgerissene Schild auch vor der Sonnenstrahlung hätte schützen sollen, stieg die Temperatur in der Raumstation auf 40 Grad Celsius an.

Besatzungen

Die dreiköpfige Besatzung unter dem Kommando von Charles Conrad, der bereits an zwei Gemini-Flügen teilgenommen hatte und im Zuge der Apollo-12-Mission auf dem Mond gelandet war, hätte ursprünglich am folgenden Tag nachfolgen sollen. Wegen der Schäden verzögerte sich jedoch der Start um zehn Tage. Am 25. Mai dockten die drei Astronauten schließlich an Skylab an. Mit dabei hatten sie ein Sonnensegel, das die Raumstation vor der Strahlung schützte und dadurch die Temperatur auf einen erträglichen Wert brachte. Die Energieversorgung wurde durch die Solarzellen des Sonnenobservatoriums „Apollo Telescope Mount" ergänzt. Bei einem Außenbordeinsatz gelang es den Astronauten schließlich auch, das beschädigte Solarmodul ganz zu entfalten und dadurch die Energieversorgung endgültig sicher zu stellen. Die erste Skylab-Crew befand sich 28 Tage im Weltraum. Sie umkreiste dabei die Erde 404-mal.

Am 28. Juli 1973 übernahm die zweite Skylab-Mannschaft die Raumstation. Auch diesmal war ein früherer Apollo-Astronaut dabei, nämlich Alan Bean, der als vierter Mensch den Mond betreten hatte. Sie setzte die

Skylab befand sich in einer erdnahen Umlaufbahn. Der Abstand von der Oberfläche musste deswegen ab und zu korrigiert werden. **Bild: NASA**

Wartung der Raumstation fort und führte umfangreiche wissenschaftliche und medizinische Experimente durch. Dazu gehörten auch drei Außenbordeinsätze. Das Team verbrachte über 59 Tage in der Umlaufbahn und umkreiste dabei die Erde 858-mal.

Die dritte Mannschaft kam am 16. November 1973 in der Raumstation an. Neben zahlreichen wissenschaftlichen Experimenten hatte sie auch die Gelegenheit, den Kometen Kohoutek zu beobachten. Sie führte vier Weltraumspaziergänge durch und umkreiste die Erde während der 84 Tage im All 1.214-mal.

Die NASA hatte zunächst keine weiteren Pläne für das Weltraumlabor. Die letzte Mannschaft hatte die Raumstation mit der Apollo-Kapsel noch in eine etwas größere Höhe geschoben, aber eine zunehmende Sonnenaktivität hatte die Erhitzung und Ausdehnung der oberen Erdatmosphäre zur Folge, was wiederum den Luftwiderstand im erdnahen Orbit erhöhte und das Absinken der Raumstation beschleunigte. Am 11. Juli 1979 stürzte Skylab über dem westaustralischen Perth zur Erde.

Die Skylab-Missionen

	1. Skylab-Crew	**2. Skylab-Crew**	**3. Skylab-Crew**
Besatzung	Charles C. Conrad (Kommandant), Paul J. Weitz (Pilot), Joseph Kerwin (Wissenschaftler)	Alan L. Bean (Kommandant), Jack R. Lousma (Pilot), Owen K. Garriott (Wissenschaftler)	Gerald P. Carr (Kommandant), William R. Pogue (Pilot), Edward G. Gibson (Wissenschaftler)
Datum	25. Mai 1973 bis 22. Juni 1973	28. Juli 1973 bis 25. September 1973	16. November 1973 bis 8. Februar 1974
Dauer	28 Tage, 49 Minuten	59 Tage, 11 Stunden, 9 Minuten	84 Tage, 1 Stunde, 16 Minuten

Satelliten im Orbit

Umlaufbahnen

33

Anders als die natürlichen Satelliten, die Monde der Planeten, werden künstliche Satelliten in den Weltraum geschossen, um bestimmte Aufgaben zu erfüllen. Abhängig von diesen Aufgaben nehmen sie bestimmte Umlaufbahnen um die Erde ein. Dabei handelt es sich um eine Ellipse oder um einen Kreis. Von der Aufgabe des Satelliten hängt es ab, in welchem Abstand von der Erde die Umkreisung erfolgt. In einem erdnahen Orbit, auch „Low Earth Orbit" (LEO) genannt, befinden sich Satelliten in einer Höhe von 160 bis etwa 2.000 Kilometern. Es handelt sich dabei oft um Satelliten für militärische Zwecke, für wissenschaftliche Experimente oder für Aufgaben in Kommunikationsnetzen, wie Iridium (780 Kilometer) oder Globalstar (1.400 Kilometer). Auch die Internationale Raumstation umkreist die Erde in einer Höhe von nur durchschnittlich 400 Kilometern. Bei Bahnen, die über die Pole verlaufen, handelt es ebenfalls meist um erdnahe Orbits. Satelliten in Polarbahnen können alle Breitengrade und dadurch die gesamte Oberfläche der sich drehenden Erde überfliegen.

Wenn ein Satellit in einer Höhe von etwa 2.000 bis 36.000 Kilometern kreist, befindet er sich in einer mittleren Erdumlaufbahn oder „Medium Earth Orbit" (MEO). Eine mittlere Umlaufbahn benutzen zum Beispiel Satelliten von Navigationssystemen wie GPS (20.200 Kilometer) oder Galileo (23.260 Kilometer). Satelliten, die immer über einem Ort auf der Erde bleiben, befinden sich in einer geostationären Umlaufbahn (GEO). Diese Satelliten kreisen in einer Höhe von ungefähr 35.790 Kilometern über dem

---

Übrigens …

Sowohl Planeten und Monde als auch künstliche Satelliten bewegen sich in mehr oder weniger elliptischen Umlaufbahnen. Man nennt den Punkt der Bahn, der sich der Erde (im Fall der Satelliten) am nächsten befindet, das „Perigäum". Der erdfernste Punkt der Bahn ist das „Apogäum". Ein Satellit fliegt am schnellsten im Perigäum und am langsamsten im Apogäum. Kommunikationssatelliten haben oft eine ausgesprochen elliptische Umlaufbahn, da sie sich dadurch länger über einem bestimmten Gebiet befinden können.

In einer Höhe von 405 bis 852 Kilometern, also im erdnahen Orbit, umkreist der Forschungssatellit C/NOFS die Erde. **Bild: NASA**

Äquator und machen genau alle 24 Stunden eine Umdrehung um die Erde. Dabei handelt es sich oft um TV-, Wetter- oder Kommunikationssatelliten.

Orbitalzerfall

Satelliten in der Erdumlaufbahn können verschiedenen störenden Einflüssen unterliegen und dadurch ihre Umlaufbahn verändern. Vor allem Satelliten in einer erdnahen Umlaufbahn sind einem atmosphärischen Widerstand ausgesetzt. Man spricht zwar schon ab einer Höhe von 100 Kilometern vom Weltraum, die Dichte der Atmosphäre nimmt aber nur graduell ab. In etwa 400 bis 1.000 Kilometern Höhe, in der viele erdnahe Satelliten kreisen, beginnt die Exosphäre. Die obere Grenze der Exosphäre wird oft mit 10.000 Kilometern angegeben. Aber sogar in einer Entfernung von 630.000 Kilometern konnten noch Atome der Erdatmosphäre nachgewiesen werden. Auch wenn die Atmosphäre sehr dünn ist, verursacht sie einen Widerstand, der zur Verlangsamung der Geschwindigkeit und zum Absinken bis zum Absturz des Satelliten führen kann. Bei einer Höhe von 200 Kilometern kann sich ein Satellit nur etwa einen Tag bis eine Woche in der Umlaufbahn halten. Die Lebensdauer kann allerdings bereits bei 300 Kilometern einen Monat bis ein halbes Jahr, bei 400 Kilometern ein Jahr bis mehrere Jahre und bei 500 Kilometern zehn Jahre oder mehr betragen. Erdnahe Satelliten und Raumstationen, wie das Hubble-Teleskop und die Internationale Raumstation, bekommen deswegen immer wieder einen Schub, um sie vor einem Orbitalzerfall zu bewahren.

Europa im Weltraum

Die ESA

34

Der Schock, den der Start des sowjetischen Satelliten Sputnik auslöste, erschütterte nicht nur die USA, sondern auch Westeuropa. Wissenschaftler, Politiker und andere einflussreiche Personen in den Ländern westlich des Eisernen Vorhangs verlangten von ihren Regierungen nun ebenfalls ein Engagement in der Weltraumfahrt. Kein einzelnes europäisches Land konnte jedoch die finanziellen Mittel, den politischen Willen oder das technische Know-how aufbringen, um mit den beiden Supermächten mitzuhalten. Nur durch Kooperation der einzelnen Staaten konnte auch Europa eine Rolle in der Raumfahrt spielen. Schon 1958 schlugen die Physiker Pierre Auger (1899–1993) aus Frankreich und Edoardo Amaldi (1908–1989) aus Italien den europäischen Regierungen die Einrichtung einer „rein wissenschaftlichen" Weltraumagentur nach dem gleichen Modell wie das 1954 gegründete europäische Kernforschungsinstitut CERN vor. Nach langen Verhandlungen schlossen sich 1964 zehn europäische Länder – Belgien, die Bundesrepublik Deutschland, Dänemark, Frankreich, das Vereinigte Königreich, Italien, die Niederlande, Schweden, die Schweiz und Spanien – zusammen, um zwei neue Organisationen zu gründen: die „European Space Research Organization" (ESRO), die sich mit der Entwicklung von Satelliten beschäftigen sollte, und die „European Launch Development Organization"

Das Vorhaben der Raumfähre Hermes wurde wegen der Kosten 1992 abgebrochen, und es blieb bei der künstlerischen Darstellung eines europäischen Shuttles im All. Bild: ESA

(ELDO), die für den Raketenbau zuständig war, um die Satelliten in den Weltraum zu schicken.

ELDO begann schon bald mit der Entwicklung einer mehrstufigen Rakete, wobei die erste Stufe aus Großbritannien, die zweite aus Frankreich und die dritte aus Deutschland kam. Allerdings erwiesen sich die Schwierigkeiten bei der technischen Integration der drei Raketensysteme als zu groß, weswegen das Projekt aufgegeben wurde. ESRO war dagegen erfolgreicher. Die Organisation führte verschiedene Experimente mit mehreren Raketen durch, die in Großbritannien, Frankreich und den USA gebaut wurden. ESRO entwickelte auch Satelliten, die in den USA von der Vandenberg Air Force Base mit Scout-B-Raketen und von Cape Canaveral mit einer Delta-Rakete gestartet wurden.

Ein organisatorischer Neustart

Die Gründung der Europäischen Weltraumorganisation ESA (European Space Agency) erfolgte am 30. Mai 1975 durch den Zusammenschluss von ELDO und ESRO. Mittlerweile sind 22 Länder Vollmitglieder der Organisation. Mit mehreren anderen Staaten, darunter Kanada, bestehen Kooperationsabkommen. Obwohl die ESA noch keine eigene Trägerrakete für bemannte Missionen entwickelt hat, kamen durch die Zusammenarbeit mit anderen Raumfahrtorganisationen auch europäische Astronauten ins Weltall. Am 28. November flog der aus Deutschland stammende Ulf Merbold als erster ESA-Raumfahrer mit der Space-Shuttle-Mission STS-9 ins Weltall, um mit dem Raumlabor Spacelab wissenschaftliche Versuche durchzuführen. Anschließend gelangten weitere Astronauten der ESA auf verschiedenen Space-Shuttle-Missionen sowie mit Sojus-Raumschiffen in die Erdumlaufbahn.

Die ESA fungierte auch als vollwertiger Partner des Konsortiums, das die Internationale Raumstation (ISS) errichtete. Der Hauptbeitrag der ESA bestand in dem Labormodul Columbus sowie in dem Versorgungsraumschiff ATV (Automated Transfer Vehicle). Zu den spektakulärsten Missionen der ESA gehört die Landung der Sonde Huygens auf dem Saturn-Mond Titan. Auch das Hubble-Weltraumteleskop wurde gemeinsam mit der NASA entwickelt. Hinsichtlich der wissenschaftlichen Erfolge steht die ESA unter den Weltraumorganisationen nur hinter dem amerikanischen Partner zurück. Allerdings ist die NASA mit einem Budget von 21,5 Milliarden US-Dollar für 2019 finanziell bedeutend besser ausgestattet als die Europäer, die für das gleiche Jahr nur 5,72 Milliarden Euro zur Verfügung haben.

Europas Trägerraketen

Ariane

35

1973 entschlossen sich zehn europäische Staaten, mit dem Ariane-Projekt zu einem Neubeginn bei der Entwicklung einer europäischen Trägerrakete. Es wurde aber schon bald offensichtlich, dass die ESA alleine für eine rentable Produktion nicht genügend Starts benötigte. Daher sollte die Rakete auch für kommerzielle Flüge angeboten werden. Zu diesem Zweck erfolgte am 26. März 1980 die Gründung der Vertriebsgesellschaft Arianespace mit Hauptsitz in Evry bei Paris.

Ariane 1 wurde vor allem entwickelt, um zwei Telekommunikationssatelliten gleichzeitig in die Umlaufbahn zu bringen und so die Kosten zu senken. Die erste Rakete dieses Typs stieg am 24. Dezember 1979 vom europäischen Weltraumbahnhof Kourou in Französisch-Guayana aus in den Himmel. Bis 1986 erfolgten elf Starts, von denen sich zwei als Fehlschläge erwiesen. Die bekannteste Fracht, die eine Ariane 1 in den Weltraum brachte, war die Sonde Giotto, die der Erforschung des Kometen Halley diente.

Angesichts einer stärker werdenden Konkurrenz, die immer leistungsfähigere Startsysteme anbieten konnte – einschließlich des Space Shuttles – beschloss die ESA schon 1980 die Entwicklung leistungsstärkerer Nachfolgemodelle. Das Ergebnis waren die Ariane 2, die am 31. Mai 1986 zum ersten

Eine Ariane 1 brachte 1985 die Sonde Giotto auf den Weg zum Halleyschen Kometen. Bild: ESA

Mal startete, sowie die Ariane 3, deren erster Start bereits am 4. August 1984 erfolgte. Ariane 3 unterschied sich von dem Schwestermodell vor allem durch die beiden Booster, die der Rakete mehr Schubkraft verliehen. Ariane 2 verzeichnete einen Fehlstart und fünf erfolgreiche Missionen, wobei jeweils ein Satellit in eine geostationäre Umlaufbahn getragen wurde. Ariane 3 startete elfmal und musste dabei einen Fehlstart hinnehmen. Auch bei diesen Unternehmungen ging es darum, Satelliten in geostationäre Umlaufbahnen zu tragen.

Ein vielfältiges Arbeitspferd

Die richtige Erfolgsgeschichte der europäischen Rakete gelang mit der Ariane 4, die auf den Vorgängertypen basierte, aber eine verlängerte erste Stufe hatte. Der Erststart einer Ariane 4 fand am 15. Juni 1988 statt. Mit 116 Starts und nur drei Fehlschlägen erwies sie sich als das bis dahin zuverlässigste Modell. Insgesamt transportierte sie 180 Satelliten in die Umlaufbahn.

Die Ariane 4 bediente ungefähr die Hälfte des Marktes für kommerzielle Satelliten. Wegen der ständig steigenden Anforderungen hinsichtlich der Nutzlast war jedoch die Entwicklung eines Nachfolgemodells nötig. Am 4. Juni 1996 erfolgte der Start einer zweistufigen Ariane 5G, der sich jedoch als Fehlschlag erwies. Auch dem zweiten Start einer 5G am 30. Oktober 1997 war nur ein Teilerfolg beschieden. Richtig erfolgreich wurde die Ausführung 5 ECA, deren Erstflug am 11. Dezember 2002 zwar ebenfalls scheiterte, die aber seitdem zahlreiche Flüge und eine Erfolgsrate von 97 Prozent vorweisen kann. Als Nachfolgerin der Ariane 5 soll in den kommenden Jahren eine Ariane 6 an den Start gehen. Außerdem plant die ESA eine wiederverwendbare Ariane 7.

Ariane-Typen im Vergleich

Modell	Stufen	Länge	Nutzlast in niedriger Umlaufbahn	Nutzlast in geostationärem Orbit
Ariane 1	3	47,46 m	-	1.850 kg
Ariane 2	3	49,13 m	-	2.180 kg
Ariane 3	3	49,13 m	-	2.700 kg
Ariane 4	3	54,90–58,72 m	6.600–10.200 kg	2.290–4.950 kg
Ariane 5	2	54–62 m	16.000–21.000 kg	6.100–11.200 kg

Frauen im Weltraum

Kosmonautinnen und Astronautinnen

36

Die Rolle des Pioniers und Abenteurers war lange Zeit Männern vorbehalten. Frauen galten vielen als schwach und schutzbedürftig. Deutlich wird dieses Bild des weiblichen Geschlechts in Filmen der 1950er- und 1960er-Jahre, in denen Frauen vor Schreck in Ohnmacht fallen oder aus Angst hysterische Schreie ausstoßen. Den männlichen Helden oblag es, die weiblichen Opfer zu retten. Die Geschlechterstereotypen waren weit verbreitet. Umso Aufsehen erregender war es, als 1963 die sowjetische Wostok 6 mit der nur 26 Jahre alten Valentina Wladimirowna Tereschkowa an Bord startete. Noch dazu war Valentina Tereschkowa keine ausgebildete Pilotin, sondern hatte ursprünglich als Textilarbeiterin ihren Lebensunterhalt verdient. Sie war aber begeisterte Fallschirmspringerin gewesen und hatte sich an der Abendschule zur Technikerin weitergebildet. Nach mehreren Bewerbungen war sie 1962 in die Kosmonautenschule aufgenommen worden. Nach dem erfolgreichen Start der Wostok-Rakete verbrachte sie fast drei Tage im Weltraum. Dabei umkreiste sie die Erde 48-mal. Sie war nicht nur die erste Frau im Weltraum, sondern auch die einzige ohne männliche Begleitung. Im November 1963 heiratete sie Andrijan Nikolajew, den Piloten der Wostok 3.

Valentina Tereschkowa war die erste Kosmonautin. **Bild:** ESA

Valentina Tereschkowa hatte zwar gezeigt, dass eine Frau den Anforderungen eines Raumflugs gewachsen war, aber die anderen Frauen, die für diese Aufgabe ausgebildet wurden, kamen nicht zum Zug. Es sollte 19 Jahre dauern bis die sowjetische Raumfahrtbehörde wieder eine Kosmonautin ins All schickte. Am 19. August 1982 flog die 34-jährige Testpilotin Swetlana Sawizkaja gemeinsam mit zwei männlichen Kollegen zur Raumstation Saljut 7, wo sie acht Tage verbrachte. 1984 flog sie ein zweites Mal zur Raumstation und unternahm als erste Frau einen Au-

Fünf der sechs ersten Teilnehmerinnen des NASA-Ausbildungsprogramms für Astronauten: Sally K. Ride, Judith A. Resnik, Anna L. Fisher, Kathryn D. Sullivan und Rhea Seddon (v.l.). **Bild: NASA**

ßenbordeinsatz. Eine geplante dritte Mission, die nur aus Frauen bestehen sollte, konnte wegen technischen und personellen Problemen nicht durchgeführt werden.

Astronautinnen

Nachdem bei der NASA die sieben Astronauten für das Mercury-Projekt ausgewählt worden waren, suchte man auch mehrere Flugzeugpilotinnen aus und unterzog sie den gleichen Tests wie die männlichen Kandidaten. Obwohl sie sich als durchaus fähig erwiesen, glaubte man zu dieser Zeit, dass eine Ausbildung von Frauen das Astronautenprogramm unnötig verlangsamen würde. Laut Deke Slayton, einer der „Mercury Seven" und Leiter des Astronautenbüros der NASA, gab es in den USA mindestens 2.000 männliche Piloten, die qualifizierter als die qualifizierteste Pilotin waren. Die Frauen hätten weder die nötigen Flugstunden als Testpilotinnen noch die technischen Kenntnisse, um ein Flugzeug oder eine Raumkapsel gründlich zu prüfen.

Erst 1978 begann die NASA mit der Ausbildung von Astronautinnen. Von den sechs Frauen, die das Training begannen, flogen schließlich alle in den Weltraum. Sally Ride (1951–2012) schrieb Raumfahrtgeschichte, als sie 1983 als erste Frau mit einem Space Shuttle in die Erdumlaufbahn flog. 2016 war die Hälfte der Teilnehmer im Ausbildungsprogramm für Astronauten weiblich.

Planetenschiffer

Die Mariner-Missionen

37

Ein Jahr nachdem das Venus-Programm der sowjetischen Raumfahrtorganisation begonnen hatte, startete die NASA das Mariner-Programm (Mariner = Seemann, Schiffer). Das Ziel war die Erforschung der inneren Planeten des Sonnensystems: Venus, Mars und Merkur. Eine Landung auf einem der fremden Gestirne hatte die NASA mit den Mariner-Sonden jedoch nicht vorgesehen, sondern lediglich Vorbeiflüge beziehungsweise in einem Fall eine Umkreisung.

Am 22. Juli 1962 startete die Sonde Mariner 1 auf einer Atlas-Agena B. Die Rakete kam jedoch vom Kurs ab und musste schon fünf Minuten nach dem Start zerstört werden. Dagegen gelang es der Sonde Mariner 2, die im August des Jahres auf einer gleichen Rakete ins All transportiert worden war, trotz mehrerer Defekte die Venus zu erreichen und den ersten erfolgreichen Vorbeiflug an diesem Planeten zu vollziehen. Anhand der Messungen konnten die Forscher feststellen, dass in der Atmosphäre kein Wasserdampf vorhanden war und Temperaturen von etwa 425 Grad Celsius herrschten. Der Kontakt brach im Januar 1963 ab, nachdem sich die Sonde 86,9 Millionen Kilometer von der Erde entfernt hatte.

Die Mariner-Missionen

Sonde	Start	Trägerrakete	Masse der Sonde	Ziel
Mariner 1	22. Juli 1962	Atlas-Agena B	200 kg	Venus
Mariner 2	27. August 1962	Atlas-Agena B	201 kg	Venus
Mariner 3	5. November 1964	Atlas-Agena D	260 kg	Mars
Mariner 4	28. November 1964	Atlas-Agena D	260 kg	Mars
Mariner 5	14. Juni 1964	Atlas-Agena D	244 kg	Venus
Mariner 6	24. Februar 1969	Atlas-Centaur	412 kg	Mars
Mariner 7	27. März 1969	Atlas-Centaur	412 kg	Mars
Mariner 8	8. Mai 1971	Atlas-Centaur	996 kg	Mars
Mariner 9	30. Mai 1971	Atlas-Centaur	974 kg	Mars
Mariner 10	3. November 1973	Atlas-Centaur	526 kg	Venus, Merkur

Mariner 10 besuchte die Venus und den Merkur. Sie leistete einen wesentlichen Beitrag zur Erforschung des inneren Planeten. Bild: NASA/RPIF/UCL Earth Sciences

Mehrere Ziele

Neben einem Erfolg musste die NASA 1964 wiederum einen Misserfolg verzeichnen. Beim Raketenstart schmolz die Nutzlastverkleidung der Mariner 3, was ein Ausfahren der Solarpanels unmöglich machte und dadurch den Einsatz der Sonde verhinderte. Die etwas später gestartete Mariner 4 erreichte ihr Ziel, den Mars, und konnte beim Vorbeiflug aus einer Entfernung von 9.846 Kilometern Fotos von der Oberfläche des Roten Planeten machen. Der Weiterflug führte sie anschließend in eine Umlaufbahn um die Sonne und 1967 wieder zurück in die Umgebung der Erde.

Nachdem Mariner 5 1964 erfolgreich die Venus-Atmosphäre erforscht hatte, starteten 1969 Mariner 6 und 7 Richtung Mars. Die beiden Sonden schickten 198 Bilder des Planeten, seiner Oberfläche und eines seiner Monde zur Erde.

1971 musste die NASA durch einen Fehler beim Start von Mariner 8 wieder einen Fehlschlag einstecken. Im selben Jahr wurde jedoch auch Mariner 9 auf den Weg zum Mars geschickt. Diese Mission war ein voller Erfolg. Mariner 9 war die erste Sonde, die in eine Umlaufbahn um einen anderen Planeten ging. In den 349 Tagen, die sie den Mars umkreisend aktiv war, schickte sie 7.329 Bilder der Oberfläche zur Erde.

Gleich zwei Planeten hatte die 1973 gestartete Mariner 10 zum Ziel, nämlich die Venus und den Merkur. Sie erreichte zuerst im Februar 1974 die Venus, nutzte die Gravitation dieses Planeten um zu beschleunigen – was ebenfalls ein Novum in der Raumfahrt war – und erreichte fast zwei Monate später als erste Sonde den innersten Planeten des Sonnensystems. Nach einem Vorbeiflug umkreiste Mariner 10 die Sonne und flog im September 1974 ein zweites Mal am Merkur vorbei. Eine dritte Begegnung der Sonde mit dem Planeten erfolgte im März 1975. Bei jedem Vorbeiflug lieferte Mariner 10 Bilder von der Oberfläche.

Interplanetare Pioniere

Die Pioneer-Missionen

38

Bereits für die erste Pioneer-Sonde hatte man sich hohe Ziele gesteckt. Nicht einmal ein Jahr nach dem Sputnik-Schock und nur ein halbes Jahr nachdem die USA zum ersten Mal einen Satelliten in die Erdumlaufbahn geschickt hatten, sollte eine Sonde den Mond erreichen und umkreisen. Das Projekt fand noch unter der Regie der amerikanischen Luftwaffe statt. Der Start erfolgte am 17. August 1958 auf einer Thor-Able-Rakete. Aber nur vier Minuten nach dem Abheben kam die Mission durch eine Explosion in der ersten Stufe zu einem abrupten Ende.

Schon am 11. Oktober 1958 stand eine zweite Rakete bereit – diesmal unter der Federführung der erst wenige Monate zuvor gegründeten NASA. Das Ziel der Sonde mit der Bezeichnung „Pioneer 1" war wieder der Mond. Der Start der Thor-Able war diesmal erfolgreich, aber die zweite Stufe schaltete zu früh ab, sodass die Sonde nach 43 Stunden wieder in die Erdatmosphäre eindrang und verglühte. Immerhin konnte Pioneer 1 Daten über den Strahlungsgürtel und das Magnetfeld der Erde übermitteln.

Bis Dezember 1960 starteten noch acht weitere Pioneer-Sonden, von denen aber nur zwei wirklich erfolgreich waren. Pioneer 4 flog am 4. März 1959 in einer Entfernung von 58.983 Kilometern am Mond vorbei und ging in eine Umlaufbahn um die Sonne. Die am 11. März 1960 gestartete Pioneer 5 erforschte den Raum zwischen Erde und Venus. Unter anderem

Diese künstlerische Darstellung zeigt Pioneer 10 noch am Anfang ihrer langen Reise, nämlich beim Vorbeiflug am Mond der Erde.
Bild: NASA

konnte durch die Messungen das Vorhandensein eines interplanetaren Magnetfeldes bestätigt werden.

Weltraumwetter

1965 belebte die NASA das Pioneer-Programm wieder. Das Ziel war diesmal die Erforschung des Weltraumwetters. Als Trägerrakete diente eine Delta-E-Rakete. Nachdem Pioneer 6 erfolgreich gestartet war, folgte 1966 Pioneer 7. Beide Sonden gingen in einem Abstand von 0,8 Astronomischen Einheiten in eine Umlaufbahn um die Sonne. 1967 und 1968 folgten Pioneer 8 und 9. Sie umkreisten die Sonne in einem Abstand von 1,1 AE. Alle diese Sonden erwiesen sich als sehr langlebig. Pioneer 6 blieb sogar 35 Jahre lang funktionsfähig.

Pioneer 10 und 11

Die spektakulärsten Sonden der Pioneer-Reihe waren Pioneer 10 und 11. Pioneer 10 startete am 2. März 1972 auf einer Atlas-Centaur-Rakete. Bei dieser Mission handelte sich um die erste NASA-Sonde zu den äußeren Planeten. Sie war für mehrere Meilensteine der Raumfahrt verantwortlich: Es war das erste Raumschiff, das über die Marsbahn hinausflog, das erste, das den Asteroidengürtel durchquerte, das erste, das am Jupiter vorbeiflog sowie das erste Raumfahrzeug, dessen Flugbahn auf den interstellaren Raum zielte. Die Instrumente an Bord dienten der Erforschung des Asteroidengürtels, des Sonnenwindes, der kosmischen Strahlung sowie der Heliosphäre. Am 3. Dezember 1973 flog Pioneer 10 in einer Entfernung von 130.000 Kilometern am Jupiter vorbei und lieferte die ersten Nahaufnahmen des Gasgiganten.

Pioneer 11 startete am 6. April 1973 auf einer Atlas-Centaur und schlug ebenfalls eine Flugbahn ein, die auf die äußeren Planeten und den interstellaren Raum gerichtet war. Am 3. Dezember 1974 flog die Sonde in einem Abstand von 42.500 Kilometern an Jupiter vorbei. Sie hatte dabei eine Geschwindigkeit von 171.000 km/h erreicht und war damit das bis dahin schnellste menschengemachte Objekt. Neben den vielen Bildern des Planeten machte Pioneer 11 auch 200 Aufnahmen der Jupitermonde. Die Sonde nutzte anschließend Jupiters massives Gravitationsfeld, um einen neuen Kurs Richtung Saturn einzuschlagen. Pioneer 11 durchquerte am 1. September 1979 die Ringebene des Gasplaneten. Die Sonde schoss 440 Bilder des Planeten und seiner Monde und lieferte wertvolle Daten, bevor sie sich daran machte, in einer anderen Richtung als Pioneer 10 das Sonnensystem zu verlassen.

Mit der Fähre ins All

Das Space Shuttle

39

Am 19. Dezember 1972 trat die Kommandokapsel der Apollo 17 auf dem Rückflug vom Mond in die Erdatmosphäre ein und beendete damit das Apollo-Programm. Der amerikanische Kongress und die Regierung, die für die Finanzierung der NASA verantwortlich waren, verlangten eine Kostensenkung. Das Ziel war nicht nur ein wiederverwendbares, sondern auch ein vielseitig einsetzbares Raumtransportsystem. US-Präsident Richard Nixon fasste die Erwartungen an dieses „Space Shuttle" zusammen: „Es wird uns ermöglichen, Hardware für die Weltraumforschung in die Umlaufbahn zu befördern, ohne den vollen Aufwand einer Trägerrakete zu erfordern, wie dies heute erforderlich ist. Dadurch können wir diese Hardware genau platzieren und bei Bedarf warten oder zurückholen, anstatt sie einfach aufzugeben, falls sie fehlerhaft funktioniert oder ausfällt. Darüber hinaus wird das Shuttle den routinemäßigen Zugang zum Weltraum ermöglichen, sodass zum ersten Mal andere Personen als nur ausgebildete Astronauten im Weltraum mitwirken und Beiträge leisten können, ebenso wie Nationen, die aus wirtschaftlichen Gründen einmal ausgeschlossen waren." [8]

Am 12. April 1981 startete die Columbia, das erste weltraumtaugliche Space Shuttle, vom Kennedy Space Center in Florida. Dieser erste Shuttle-Flug, Mission STS-1 (Space Transportation System 1), wurde von den Astronauten Robert Crippen und John Young gesteuert. Die gesamte Garnitur setzte sich beim Start aus dem mit drei Triebwerken ausgestatteten Orbiter – der eigentlichen Raumfähre –, einem großen Außentank sowie zwei Feststoffraketen (Booster) zusammen. Die 45 Meter langen Booster halfen dem Shuttle, beim Start die nötige Geschwindigkeit zu erreichen.

Die flugtauglichen Space Shuttles

Bezeichnung	Erster Flug	Letzter Flug	Missionen
Atlantis	1985	2011	33
Challenger	1983	1986	10
Columbia	1981	2003	28
Discovery	1984	2011	39
Endeavour	1992	2011	25

8 Vgl. „The Dawn of the Space Shuttle". Online: www.nixonfoundation.org/2017/01/dawn-space-shuttle/

Sie wurden in einer Höhe von etwa 45 Kilometern abgeworfen und fielen an Fallschirmen ins Meer. Etwa 110 Kilometer über der Erdoberfläche trennte sich die Fähre auch vom leeren Außentank.

Nach ihren Einsätzen in der Erdumlaufbahn landeten die Shuttles anfangs vor allem auf der kalifornischen Edwards Air Force Base. Sie wurden für den nächsten Einsatz auf dem Rücken einer Boeing 747 zum Kennedy Space Center zurückgebracht. Ab 1993 erfolgten die Landungen überwiegend auf einer Landebahn beim Kennedy Space Center.

Ein gemischter Erfolg

Das Space Shuttle eröffnete neue Möglichkeiten in der Raumfahrt. Es bot den Raumfahrern Bewegungsmöglichkeiten, die in einer Apollo-Kapsel nicht vorstellbar gewesen wären. Es konnte eine größere Anzahl von Personen mitfliegen lassen und dadurch reinen Wissenschaftlern Platz bieten. Letztendlich erfüllten sich aber nicht alle Erwartungen. Laut NASA kostete ein Start 450 Millionen Dollar. Andere schätzten die Gesamtkosten für einen Flug mit Einberechnung der Wartungskosten auf bis zu eineinhalb Milliarden Dollar. Am 21. Juli 2011 landete das Space Shuttle Atlantis. Damit endete das Programm. Insgesamt hatte es 135 Shuttle-Missionen gegeben. Zwei davon mit tödlichem Ausgang.

Das Spacelab

Forschung in der Schwerelosigkeit

40

Als rein wissenschaftliches Projekt entwickelten in den späten 1970er-Jahren die Raumfahrtagenturen ESA und NASA das Spacelab, das mit dem Space Shuttle in die Erdumlaufbahn befördert und wieder zurückgebracht werden sollte. Die Finanzierung, die Planung und der Bau des Weltraumlabors waren von der europäischen Seite übernommen worden. Beim Spacelab handelte es sich nicht um eine Raumstation, die selbstständig im Weltraum schwebte, sondern um ein modulares Labor, das als Nutzlast in der Ladebucht der Fähre blieb.

Es bestand aus zwei Grundelementen: einem zylinderförmigen Labormodul mit sieben Metern Länge und vier Metern Durchmesser, in dem die Wissenschaftler arbeiten konnten, sowie einer u-förmigen

Das Spacelab war im Frachtraum des Space Shuttles eingebaut. Das Schnittbild zeigt die Geräteschränke im Labormodul. **Bild: NASA/Marshall Space Flight Center**

Palette, auf die verschiedene Geräte zu Forschungszwecken montiert werden konnten. Abhängig vom Bedarf konnten diese Grundelemente in verschiedenen Konfigurationen zusammengestellt werden. Eine mögliche Version bestand nur aus dem Labormodul, andere Varianten konnten aus bis zu fünf Paletten bestehen oder mit dem Labormodul kombiniert werden. Ein optionales Element war das sogenannte „Iglu". Dabei handelte es sich um einen 2,37 Meter hohen zylinderförmigen druckgeregelten Aluminiumbehälter mit einem Durchmesser von 1,08 Metern. Das Iglu wurde immer dann verwendet, wenn eine Konfiguration nur aus Paletten bestand. Die ersten Flüge mit Paletten, die für Experimente vorgesehen waren, erfolgten bereits 1981 mit der Shuttle-Mission STS-2 und 1982 mit STS-3. In beiden Fällen handelte es sich um das Space Shuttle Columbia. Am 28. November 1983 startete die Columbia im Zuge der Mission STS-9 mit dem Labormodul des Spacelab an Bord. Zum ersten Mal bestand die Besatzung aus sechs Astronauten: fünf von der NASA sowie der aus Deutschland stammende ESA-Astronaut Ulf Merbold. Diese Mission beinhaltete insgesamt 37 Experimente, die von der Mannschaft in zwei Schichten rund um die Uhr abgearbeitet wurden.

Schwerelos experimentieren

Im Oktober 1985 starteten mit der Mission STS-61-A acht Personen im Space Shuttle Challenger. Davon waren zwei Nutzlastspezialisten aus Deutschland und eine Nutzlastspezialistin aus den Niederlanden. Mit dabei war wieder das Spacelab, in dem 75 Experimente durchgeführt wurden. Die wissenschaftliche und operative Leitung dafür erfolgte in Oberpfaffenhofen bei München. Zwischen 1983 und 1998 flogen Spacelab-Module insgesamt 22 Mal mit dem Space Shuttle in den Weltraum und verbrachten 244 Tage in der Erdumlaufbahn. In zahlreichen Experimenten wurden die Möglichkeiten der schwerelosen Forschung untersucht. Unter anderem wurden moderne Metalle entwickelt, die heute in der Massenproduktion von Smartphones verwendet werden.

Es wurde untersucht, wie Menschen, Pflanzen und Tiere in der Schwerelosigkeit reagieren. Das atmosphärische Labor im Spacelab führte eine Kartierung der Erdatmosphäre durch und ermöglichte damit den Vergleich der Ozonwerte und die Untersuchung der Faktoren, die sie beeinflussten. Die Forschung im Spacelab lieferte zudem Erkenntnisse, die letztendlich auch in der Medizin, beispielsweise bei der Behandlung chronischer Muskelkrankheiten, Anwendung finden können.

Ein riskanter Beruf

Die Gefahren der Raumfahrt

41

John Glenn, der erste amerikanische Astronaut, der die Erde umrundete, wurde einmal gefragt, wie er sich vor dem Start der Rakete gefühlt habe. Seine Antwort war: „Ich fühlte mich genauso, wie Sie sich fühlen würden, wenn Sie sich auf den Start vorbereiteten und wüssten, dass Sie auf zwei Millionen Teilen sitzen – alle vom niedrigsten Anbieter im Rahmen eines Regierungsauftrages hergestellt."[9] Die Raumfahrer mussten sich nicht nur auf eine Technik verlassen, die noch in den Kinderschuhen steckte, sie waren darüber hinaus in enge Kapseln gezwängt, unter sich tausende Kilogramm an Treibstoff. Angesichts der vielen Fehlfunktionen, die sich in der Anfangszeit der Raumfahrt ereigneten, war es nur eine Frage der Zeit, bis Menschen zu Schaden kommen würden.

Der erste Unfall, der einem Raumfahrer bei der Ausübung seines Berufs das Leben kostete, ereignete sich am 23. März 1961 in der Sowjetunion. Während eines 15-tägigen Dauerversuchs in einer Kammer mit niedrigem Luftdruck und mindestens 50-prozentiger Sauerstoffatmosphäre ließ Walentin Bondarenko, der für das Wostok-Programm ausgebildet wurde, ein mit Alkohol getränktes Tuch auf eine elektrische Heizplatte fallen. Bei dem dadurch ausgelösten Brand erlitt er schwere Verbrennungen und starb 16 Stunden später in einem Krankenhaus.

Die leicht entzündbare Sauerstoffatmosphäre kostete auch den Besatzungsmitgliedern der Apollo 1 das Leben. Gus Grissom, Ed White und Roger B. Chaffee befanden sich am 27. Januar 1967 zu Übungszwecken in der Kapsel, als wahrscheinlich im Lebenserhaltungssystem ein Brand ausbrach und sich in der reinen Sauerstoffatmosphäre rasend schnell aus-

Reiner Sauerstoff

Die Erdatmosphäre besteht zu etwa 21 Prozent aus Sauerstoff. Die Raumkapseln waren früher aber zu 100 Prozent mit Sauerstoff gefüllt. Dadurch konnten die Raumfahrer bei einem niedrigeren Druck überleben, was wiederum ein geringeres Gewicht der Kapsel erlaubte. Auch heute wird in Raumanzügen noch reiner Sauerstoff bei einem Druck von nur 0,29 bar verwendet. Durch den geringen Luftdruck ist der Anzug im Vakuum flexibler.

9 Vgl. „Early US astronauts faced uncertainty, danger and death„
Online: phys.org/news/2016-12-early-astronauts-uncertainty-danger-death.html

Die Besatzung der Columbia: David M. Brown, William C. McCool und Michael P. Anderson (in Blau, von links), Kalpana Chawla, Rick D. Husband, Laurel B. Clark und Ilan Ramon (in Rot, von links).
Bild: NASA

breitete. Am 24. April 1967 starb der Kosmonaut Wladimir Komarow bei der Landung seiner Sojus 1, als sich der Fallschirm nicht öffnete. Die aus drei Kosmonauten bestehende Besatzung der Sojus 11 – Georgi Dobrowolski, Wladislaw Wolkow und Wiktor Pazajew – kam ums Leben, als sich bei der Rückkehr von der Raumstation Saljut 1 ein Luftventil öffnete und die Atemluft entwich.

Space-Shuttle-Katastrophen

Das Unglück, das die Raumfähre Challenger am 28. Januar 1986 traf, war nicht nur die bis dahin verlustreichste Katastrophe der Raumfahrt, sie war auch auf den Fernsehschirmen weltweit zu sehen. 73 Sekunden nach dem Start brach das Raumfahrzeug in einer Höhe von 15 Kilometern auseinander. Alle sieben Astronauten an Bord starben spätestens, als das Cockpit auf dem Wasser aufschlug. Für das Unglück verantwortlich war der Ausfall von Dichtungsringen der seitlichen Feststoffraketen.

Eine weitere Katastrophe mit einem Space Shuttle ereignete sich am 1. Februar 2003 im Zuge der Mission STS-107 beim Wiedereintritt in die Erdatmosphäre. Die Raumfähre Columbia brach in einer Höhe von weniger als 65 Kilometern auseinander. Wie sich später herausstellte, hatten sich während des Starts Bruchstücke von der Tankisolierung gelöst und eine Flügelvorderkante beschädigt. Keines der sieben Besatzungsmitglieder überlebte das Unglück.

Raumstationen des Ostens

Saljut und Mir

42

Während die NASA das Rennen zum Mond offensichtlich gewonnen hatte, konzentrierte sich die sowjetische Raumfahrt auf den erdnahen Bereich. „Saljut" („Gruß" oder „Salut") hießen die Raumstationen, die von 1971 bis 1982 von Baikonur aus in eine Erdumlaufbahn geschickt wurden. Die 16 Meter lange Saljut 1 startete am 19. April 1971 auf einer Proton-Rakete. Die Ankopplung des Sojus-10-Raumschiffes missglückte allerdings. Am 7. Juni 1971 gelang es dann der Besatzung der Sojus 11, die Station zu betreten und während ihres 23-tägigen Aufenthalts verschiedene wissenschaftliche Experimente durchzuführen. Aufgrund des Unfalls, der den drei Kosmonauten der Sojus 11 beim Rückflug das Leben kostete, wurden weitere Sojus-Flüge verschoben, weswegen Saljut 1 nicht weiter bemannt werden konnte. Die Station trat am 11. Oktober 1971 in die Erdatmosphäre ein und verglühte.

Erst am 25. Juni 1974 gelang es nach mehreren missglückten Versuchen, mit Saljut 3 wieder erfolgreich eine Raumstation in der Umlaufbahn zu positionieren. Diese und die folgenden zwei Stationen zählten zur ersten Saljut-Generation. Eine zweite Generation entwickelten die sowjetischen Techniker mit Saljut 6, die am 29. September 1977 auf einer Proton-Rakete ins All befördert wurde. Diese Station besaß zwei Andockmöglichkeiten. Dadurch konnten auch Versorgungsraumschiffe anlegen und so einen längeren Aufenthalt ermöglichen. Saljut 6 blieb 1.764 Tage im Orbit, an 685 Tagen davon befanden sich Kosmonauten an Bord. Im Juli 1982 wurde sie zum Absturz über dem Südpazifik gebracht.

Am 19. April 1982 startete Saljut 7 auf einer Proton-Rakete. Sie blieb 3.216 Tage im All und war davon an 816 Tagen bemannt. Saljut 6 und Saljut 7 beherbergten insgesamt 59 Kosmonauten, darunter Staatsangehörige der DDR, Frankreichs, Indiens, Kubas, der Mongolei, der Tschechoslowakei und Vietnams.

Mir

„Mir", übersetzt „Frieden", hieß die neue Raumstation, die von der Sowjetunion im Februar 1986 in die Umlaufbahn geschickt wurde. Abgesehen von der modernisierten technischen Ausstattung unterschied sie sich von den Saljut-Stationen vor allem dadurch, dass sie für eine längere Nutzungsdauer ausgelegt war und durch ihre sechs Kopplungsstutzen

modular erweiterbar war. Die zwei an den Stirnseiten der Station gelegenen Stutzen dienten zum Anlegen von Raumschiffen. Vier rechtwinklig zueinander positionierte Stutzen konnten zur Erweiterung der Station verwendet werden. Das Basismodul war 13,50 Meter lang und hatte einen Durchmesser von 4,20 Metern. Es diente vor allem als Wohn- und Aufenthaltsbereich für die Kosmonauten und beinhaltete auch eine Kommunikationsanlage sowie die technische Einrichtung für die Steuerung und die Lagekontrolle der Station.

Am 9. April 1987 wurde das 5,3 Meter lange Modul mit der Bezeichnung „Kwant" an die Basisstation angekoppelt. Es beinhaltete Geräte für astrophysikalische Experimente sowie verbesserte Lebenserhaltungssysteme. Es kuppelte jedoch nicht an einem der Erweiterungsstutzen an, sondern an einer Stirnseite. Aus diesem Grund war Kwant mit einem zusätzlichen Kopplungsstutzen versehen, sodass weiterhin zwei Raumschiffe gleichzeitig mit der Station verbunden sein konnten.

Ende 1989 dockte das Modul „Kwant 2" an. Unter anderem stellte es Anlagen zur Wiederverwendung von Wasser und zur Herstellung von Sauerstoff, eine Toilette sowie eine Waschzelle für die Besatzung zur Verfügung. Das Modul „Kwant 3" oder „Kristall" wurde Mitte 1990 hinzugefügt. Es brachte Ausrüstungen für die Erdbeobachtung, Materialforschung sowie medizinische und astrophysikalische Forschungen mit. Bis Ende 1992 wurden zwei weitere Module aufgenommen: „Spetr", das der Erforschung der Erdatmosphäre, der kosmischen Strahlung und geophysikalischer Prozesse diente, sowie „Priroda", das für die Erforschung der Mikrogravitation verwendet wurde.

Nach der Auflösung der UdSSR wurde Mir von der russischen Raumfahrtagentur Roskosmos weiterbetrieben. Die Kooperation mit westlichen Ländern wurde nun verstärkt. Von 1994 bis 1998 erfolgten elf Flüge mit einem Space Shuttle zur „Mir".

Kooperation im Weltraum

Die Internationale Raumstation

43

Mit dem kontrollierten Absturz der „Mir" über dem Pazifischen Ozean am 23. März 2001 endete die Geschichte der bis dahin langlebigsten und erfolgreichsten Raumstation. Die Planung für eine Nachfolgerin, mit der die menschliche Präsenz in der Erdumlaufbahn aufrechterhalten werden konnte, hatte schon lange vorher begonnen.

1984 traf die amerikanische Regierung die Entscheidung, eine Raumstation in der Erdumlaufbahn zu errichten, und in der Folgezeit begann man bei der NASA Konzepte zu entwickeln. Zwar entschloss sich die ESA 1985, sich an dem Projekt zu beteiligen, steigende Kosten und Budgetkürzungen bei der amerikanischen Raumfahrtagentur zögerten die Verwirklichung der Raumstation, die man zunächst „Freedom" und später „Alpha" nennen wollte, jedoch hinaus. Auch auf russischer Seite hatte man mit Geldproblemen zu kämpfen. Eine Ablösung der Raumstation „Mir" durch die ursprünglich geplante „Mir 2" gestaltete sich wegen der fehlenden finanziellen Mittel als zunehmend schwierig. Dieser Sparzwang, aber auch die Entspannung zwischen den Großmächten in den 1990er-Jahren, führte schließlich zu einer Kooperation, die als Ergebnis die Fusion der beiden Projekte zur „Internationalen Raumstation" (englische Abkürzung ISS) hatte.

Die ersten beiden Komponenten der Raumstation wurden von der russischen Raumfahrtagentur Roskosmos mit einer Sojus-Rakete und von der

Die Internationale Raumstation ist die größte Konstruktion in der Umlaufbahn der Erde. Wenn man weiß, wo man suchen muss, kann man sie mit bloßem Auge am Nachthimmel sehen. **Bild: NASA**

NASA mit dem Space Shuttle Endeavour Ende 1998 in die Umlaufbahn geschickt und zusammengekoppelt. Im Laufe der Zeit wurde die Raumstation durch zusätzliche Module erweitert. Die ESA und Japan steuerten Forschungsmodule bei. Der kanadische Beitrag bestand aus einem Roboterarm, der eine Masse von bis zu 100 Tonnen bewegen kann. Die Raumstation hat heute eine Spannweite von 109 Metern, eine Länge von 80 Metern und eine Masse von 450 Tonnen.

Versorgungsflüge

Die ISS umkreist in einer Höhe von etwa 400 Kilometern mit einer Geschwindigkeit von ungefähr 28.000 km/h die Erde alle 90 Minuten. Die bemannten Flüge zur Raumstation erfolgten anfangs mit einem Space Shuttle oder einem Sojus-Raumschiff. Nach dem Ende des Space-Shuttle-Programms 2011 standen nur noch die russischen Raumkapseln zur Verfügung. Erst die Dragon 2 von SpaceX und CST-100 Starliner von Boeing sollen die Abhängigkeit der NASA von dem russischen Anbieter für bemannte Flüge beenden.

Größer ist das Angebot jedoch bei den unbemannten Flügen. Versorgungsgüter, wie Kleidung, Lebensmittel, Wasser, Ersatzteile und Sauerstoff, wurden außer mit dem Space Shuttle auch von dem russischen Transporter Progress, dem im Auftrag der ESA entwickelten ATV (Automated Transfer Vehicle) sowie dem japanischen HTV (H-2 Transfer Vehicle) zur Station gebracht. Neuere Versorgungsraumschiffe sind die Dragon-Kapsel von SpaceX sowie der Cygnus-Transporter von Northrop Grumman.

Module der ISS

Bezeich-nung	Funktion	Herkunft	Start-datum	Länge	Durch-messer
Sarja	Fracht- und Kontrollmodul	Russland	1998	12,60 m	4,10 m
Unity	Verbindungs-modul	USA	1998	5,47 m	4,57 m
Swesda	Wohnmodul	Russland	2000	12,10 m	4,15 m
Destiny	Labormodul	USA	2001	8,53 m	4,27 m
Quest	Luftschleuse	USA	2001	5,5 m	4 m
Pirs	Koppelmodul, Luftschleuse	Russland	2001	4,05 m	2,55 m

Blick auf ferne Welten

Hubble und Co.

44

Teleskope liefern Bilder von Planeten, Monden, Sternen und Galaxien, die es den Wissenschaftlern ermöglichen, ihre Hypothesen zu überprüfen und Theorien zu entwickeln. Teleskope auf der Erde haben jedoch entscheidende Nachteile. Lichtverschmutzung und Elektrosmog erschweren die Beobachtungen mit optischen Teleskopen und Radioteleskopen in dicht besiedelten Gebieten. Die Observatorien müssen deshalb oft in abgelegenen Gebieten errichtet werden, wie die Europäische Südsternwarte in der chilenischen Atacama-Wüste oder das Mauna-Kea-Observatorium in einer Höhe von 4.200 Metern in Hawaii. Die Raumfahrt bot da ganz neue Möglichkeiten. Teleskope konnten nun außerhalb der störenden Atmosphäre im Weltraum positioniert werden.

Einige bekannte Weltraumteleskope

Bezeichnung	Art	Betreiber	Start	Entfernung von der Erde
Chandra X-ray Observatory	Röntgen-strahlen	NASA	1999	20.046–128.769 km
Compton Gamma Ray Observatory	Gammastrahlen	NASA	1991	362–457 km
Fermi Gamma Ray Space Telescope	Gammastrahlen	NASA / DoE	2008	526–543,6 km
Herschel-Welt-raumteleskop	Infrarotstrahlen	NASA / ESA	2009	Ca. 1,5 Millionen km
Hubble-Weltraum-teleskop	Infrarot- bis Ultraviolett-strahlen	NASA / ESA	1990	545–549 km
LISA Pathfinder	Gravitations-wellen	ESA	2015	Ca. 500.000–800.000 km
Planck-Weltraum-teleskop	Mikrowellen	ESA	2009	Ca. 1,5 Millionen km
Spitzer-Weltraum-teleskop	Infrarotstrahlen	NASA / JPL / Caltech	2003	Ca. 1 AE von Sonne

Das Hubble-Teleskop umkreist die Erde in einer niedrigen Umlaufbahn. Mit den Space Shuttles wurden insgesamt fünf Serviceflüge unternommen, um das Teleskop funktionsfähig zu halten. Bild: NASA

Hubble

Das mit Abstand bekannteste Weltraumteleskop ist Hubble. Das von NASA und ESA gemeinsam entwickelte Teleskop wurde am 24. April 1990 von dem Space Shuttle Discovery in eine erdnahe Umlaufbahn befördert. Da es Bilder von Objekten in unserem Sonnensystem ebenso wie Galaxien in einer Entfernung von bis zu 15 Milliarden Lichtjahren aufnehmen sollte, waren die Erwartungen nicht nur bei den Astronomen hoch. Umso größer war der Schock, als das Teleskop die ersten Aufnahmen lieferte: Die Bilder waren verschwommen. Es stellte sich heraus, dass der Hauptspiegel einen Fehler aufwies.

Zum Glück hatte die NASA mit dem Space Shuttle ein Raumfahrzeug, das – wie es Richard Nixon in seiner Rede über die Entwicklung der Raumfähre angekündigt hatte – es ermöglichte, schadhafte Hardware zu warten oder zurückzuholen, anstatt sie aufzugeben. Am 2. Dezember 1993 startete das Space Shuttle Endeavour, um das Hubble-Teleskop mit einem Korrektursystem für den Spiegelfehler auszustatten sowie andere Wartungsarbeiten durchzuführen. Das Unternehmen war ein Erfolg, und Hubble lieferte in der Folgezeit wertvolle Bilder, die zu zahlreichen Entdeckungen und neuen Erkenntnissen führten. Als Nachfolger des Hubble ist das bedeutend leistungsfähigere James-Webb-Weltraumteleskop vorgesehen.

Warum der Apfel fällt

Die Gravitation

45

Die Geschichte von Isaac Newton und dem Apfel gehört zu den bekanntesten Anekdoten der Wissenschaftsgeschichte. „Warum sollte dieser Apfel immer senkrecht zum Boden fallen?", hatte sich der Naturforscher gedacht, als er unter einem Apfelbaum saß und eine der Früchte fallen sah. „Warum sollte er nicht seitwärts oder aufwärts fallen, sondern ständig zum Erdzentrum? Der Grund ist sicherlich, dass die Erde ihn anzieht. Es muss eine Anziehungskraft in der Materie geben." [10]

Diese Kraft ist die Gravitation. Sie hält die Welt, die Sterne, Planeten und Monde zusammen und bewirkt, dass sie in ihren Bahnen bleiben.

Im Zusammenhang mit der Anziehungskraft spricht man oft von Fallbeschleunigung, weil ein fallender Gegenstand an Geschwindigkeit gewinnt. Springt man beispielsweise von einem Wolkenkratzer, bleibt die Fallgeschwindigkeit nicht gleich, sondern erhöht sich, und zwar um 9,8 Meter pro Sekunde. Dies bedeutet, dass man am Ende der ersten Sekunde im freien Fall eine Geschwindigkeit von 9,8 Metern pro Sekunde erreicht hat, in der zweiten Sekunde werden es 19,6 Meter pro Sekunde sein, und nach einer weiteren Sekunde fällt man bereits 29,4 Meter pro Sekunde. Die Geschwindigkeit würde sich gleichbleibend erhöhen, wenn nicht gleichzeitig der Luftwiderstand eine bremsende Wirkung hätte.

	Fallbeschleunigung	Gravitation (Erde = 1)
Merkur	3,7 m/s^2	0,378
Venus	8,9 m/s^2	0,907
Erde	9,81 m/s^2	1
Mond	1,6 m/s^2	0,166
Mars	3,7 m/s^2	2,36
Jupiter	23,1 m/s^2	0,916
Saturn	9,0 m/s^2	0,916
Uranus	8,7 m/s^2	0,889
Neptun	11,0 m/s^2	1,12
Pluto	0,7 m/s^2	0,071

10 Vgl. William Stukeley: Memoir's of Sir Isaac Newton's Life, 15.
Online: en.wikisource.org/wiki/Memoirs_of_Sir_Isaac_Newton%27s_life/Life_of_Newton

Die Gravitation hält alles zusammen, wie diese Galaxie, die vom Weltraumteleskop Hubble aufgenommen wurde. Bild: ESA/Hubble & NASA

Anders sieht es im luftleeren Raum aus. Auf dem Uranus-Mond Miranda liegt Verona Rupes, die höchste bekannte Klippe im Sonnensystem. Die Höhe dieser Steilwand wird auf etwa 20 Kilometer geschätzt. Miranda hat einen mittleren Durchmesser von ungefähr 472 Kilometern, und die Fallbeschleunigung an der Oberfläche beträgt nur 0,08 Meter pro Sekundenquadrat. Bei einem Sprung von der Klippe, würde der Fall sehr langsam beginnen. Der fallende Körper würde nur vier Zentimeter in der ersten Sekunde zurücklegen. Aber nach ungefähr zwölf Minuten würde er trotzdem mit einer Geschwindigkeit von etwa 200 Stundenkilometern auf dem Boden aufschlagen.

Ein Experiment

Gemäß einer Anekdote warf Galileo Galilei zwei unterschiedlich große Kanonenkugeln vom Schiefen Turm in Pisa. Damit wollte er beweisen, dass alle Objekte gleich schnell fallen, unabhängig von ihrem Gewicht. Würde man allerdings einen Hammer und eine Feder fallen lassen, käme die Feder wegen des Einflusses der Atmosphäre später am Boden an. Genau dieses Experiment führte der Astronaut David Scott im Zuge der Apollo-15-Mission durch – und zwar auf dem Mond. Er nahm einen 1,32 Kilogramm schweren Hammer und eine 30 Gramm wiegende Feder und ließ beide Gegenstände gleichzeitig fallen. Tatsächlich kamen der Hammer und die Feder im selben Augenblick auf dem Boden an.

Zentren der Raumfahrt

Raketenstartplätze

46

Mit der wachsenden Bedeutung der Raumfahrt steigt auch die Zahl der Raketenstartplätze. Mittlerweile zählt man weltweit über 20. Nicht alle davon sind für die Öffentlichkeit zugänglich. Manchmal werden sie als „Raumhäfen" bezeichnet. Im Russischen spricht man von einem „Kosmodrom". Die Startplätze, die sich in der Nähe des Äquators befinden, haben einen Vorteil. Da durch die Rotation der Erde eine gewisse Fliehkraft erzeugt wird, ist in dieser Lage für den Start eine geringere Schubkraft nötig, was bei den hohen Kosten nicht von geringer Bedeutung ist. Trotzdem gibt es auch nördliche Startplätze, wie auf der Insel Kodiak im amerikanischen Bundesstaat Alaska oder das Kosmodrom Plessezk in Russlands Norden.

Nur von wenigen Startplätzen wurden bisher bemannte Flüge in den Weltraum geschickt, nämlich von Cape Canaveral und dem Kennedy Space Center in Florida, von dem Kosmodrom Baikonur in Kasachstan sowie von dem Raketenstartplatz Jiuquan in China. Berücksichtigt man auch Flughäfen, von denen Trägerflugzeuge für bemannte raketengetriebene Flugobjekte starteten, dann zählen auch die Luftwaffenbasis Edwards in Kalifornien sowie der Mojave Air & Space Port in der kalifornischen Mojave-Wüste dazu.

Cape Canaveral und Kennedy Space Center

Die Raketenstartplätze der NASA in Florida sind nicht nur deshalb so bekannt und bedeutend, weil von ihnen aus einige der wichtigsten Raumfahrtmissionen abhoben, sondern auch, weil sie der Öffentlichkeit teilweise zugänglich sind und als Touristenattraktionen dienen. Cape Canaveral Air Force Station – von 1963 bis 1973 als Cape Kennedy Air Force Station bekannt – liegt an der Ostküste Floridas. Von dieser Anlage aus starteten nicht nur die bemannten Mercury-Gemini-Flüge, auch Explorer 1, der erste amerikanische Satellit und so bedeutende Sonden wie Viking, Voyager und Cassini-Huygens wurden von diesen Startplätzen aus auf ihre interplanetaren Reisen geschickt. SpaceX und die United Launch Alliance haben heute in Cape Canaveral ebenfalls Abschussrampen.

Nordwestlich von Cape Canaveral, durch den Banana River getrennt, befindet sich das John F. Kennedy Space Center. Seit Dezember 1968 ist das Kennedy Space Center das Hauptstartzentrum der NASA für die

bemannte Raumfahrt. Vom Startkomplex 39 (LC-39) aus erfolgten die
Flüge zum Mond sowie die Skylab- und Space-Shuttle-Missionen. Zum
Kennedy Space Center gehört ein Besucherzentrum, das jährlich über eine
Million Gäste empfängt.

Baikonur und Jiuquan

Weniger besucherfreundlich sind andere Raketenstartplätze. Das
1955 in Betrieb genommene Kosmodrom Baikonur war militärisches
Sperrgebiet. Seit der Auflösung der Sowjetunion dient es zwar weiterhin
als Raumhafen der russischen Raumfahrt, liegt aber auf dem Gebiet der
Republik Kasachstan. Es kann nur im Rahmen einer Tour mit Führung
besucht werden.

Auch der Weltraumbahnhof Jiuquan in der chinesischen Provinz Innere
Mongolei ist für ausländische Besucher in der Regel nicht zugänglich. Bei
der 1958 erbauten Anlage handelt es sich um den ältesten Raketenstartplatz Chinas. Von Jiuquan aus startete der erste chinesische Satellit. 2003
schrieb man in Jiuquan Raumfahrgeschichte, als der erste Taikonaut mit
dem Raumschiff Shenzhou 5 abhob.

Kourou

Vom Raumfahrtzentrum Guayana bei Kourou in Französisch-
Guayana ist zwar noch nie eine bemannte Rakete aufgestiegen. Es ist
aber bedeutend, weil es der europäischen Raumfahrtorganisation ESA und
dem Unternehmen Arianespace als Startplatz dient. Neben Ariane-Rake-
ten flogen auch Sojus- und Vega-Raketen vom Raumfahrtzentrum Guayana aus ins All. Es hat den besonderen Vorteil, dass es nur etwa 580
Kilometer vom Äquator entfernt liegt.

Eine zuverlässige Familie

Die Delta-Raketen

47

Eine der wichtigsten Trägerraketen der NASA ist die Delta, deren Geschichte bis in die Anfänge der amerikanischen Raumfahrt zurückgeht. Auf der Suche nach einer Trägerrakete griff die 1958 gegründete NASA unter anderem auf die Thor-Able zurück. Dabei handelte es sich um die Interkontinentalrakete Thor, die man mit einer zweiten Stufe mit der Bezeichnung „Able" ausgestattet hatte. Die ersten Starts im Rahmen des Pioneer-Programms waren nicht erfolgreich. Der Luftwaffe gelang es jedoch mit einer Agena-Oberstufe einige Discoverer-Satelliten in eine niedrige Erdumlaufbahn zu schicken, und die NASA konnte schließlich mit einer Thor-Able in September 1959 den Satelliten Explorer 6 in einen Orbit um die Erde befördern. Erfolgreich war auch der Start der Sonde Pioneer 5 am 11. März 1960.

Die Thor-Rakete wurde mit verschiedenen Oberstufen eingesetzt. Neben der Able, der Agena und der Ablestar kam eine vierte Oberstufe hinzu, die Delta. Die Thor-Delta hatte ihren Erststart am 13. Mai 1960. Sie sollte den Kommunikationssatelliten Echo 1 in eine niedrige Erdumlaufbahn schicken. Die Delta-Stufe versagte jedoch, und die Mission schlug fehl. Erfolgreich waren dagegen die folgenden Starts, und die Rakete entwickelte sich in verschiedenen Versionen zu einer der wichtigsten Trägerraketen der amerikanischen Raumfahrt. Sie wurde nur noch als „Delta" und später als „Delta I" bezeichnet.

Delta II

Als Delta II wurde die neue Generation der Delta-Raketenfamilie bezeichnet, die 1989 erstmals ins All startete. Sie trug bei dieser Mission einen GPS-Satelliten für die Luftwaffe in die Umlaufbahn. Die nur einmal zu gebrauchenden Startsysteme sollten zwar nach ursprünglichen Plänen durch das Space Shuttle ersetzt werden, das Challenger-Unglück von 1986 zeigte aber, dass diese Einwegraketen in naher Zukunft immer noch eine Rolle zu spielen hatten.

Zwischen 1998 und 2010 war die Delta II für den Start von fast 60 Prozent der wissenschaftlichen Satelliten der NASA verantwortlich. Sämtliche Mars-Missionen der NASA in den 1990er-Jahren erfolgten mit einer Delta II. In den 2000ern gelangten Spirit und Opportunity (2003) sowie Phoenix (2007) mit dieser Rakete auf ihren Weg zum

Am 30. Juni 2001 startete auf einer Delta II die „Microwave Anisotropy Probe", eine Sonde, die Unregelmäßigkeiten in der kosmischen Hintergrundstrahlung misst. Bild: NASA

Roten Planeten. Mit Hilfe einer Delta II stattete Dawn den Kleinplaneten Ceres und Vesta einen Besuch ab, ebenso wie die Sonde Messenger, die 2004 auf den Weg zum Merkur geschickt wurde, und Deep Impact, die 2005 dem Kometen Tempel 1 entgegenflog. Der letzte Start einer Delta II erfolgte am 15. Dezember 2018. Sie trug den Satelliten ICESat-2 der NASA in den Weltraum. Die Delta II kann in ihrer fast 30-jährigen Geschichte eine Erfolgsrate von 98,7 Prozent vorweisen.

Delta IV

Wegen der immer schwerer werdenden Satelliten begann Boeing Mitte der 1990er-Jahre eine leistungsstärkere Nachfolgerin der Delta II zu entwickeln. Von drei durchgeführten Starts dieser Delta III war jedoch nur einer ein Teilerfolg. Das Unternehmen entschied sich deshalb, das Projekt aufzugeben und sich gleich der nächsten Generation, der Delta IV, zuzuwenden.

Der augenfälligste Unterschied zwischen der Delta IV und den Vorgängerinnen ist die Größe. Während Delta II und III eine Höhe von ungefähr 40 Metern erreichten, kann die Delta IV abhängig von der Ausführung 63 bis 72 Meter in die Höhe ragen. Die stärkste Version ist die Delta IV Heavy, deren erste Stufe mit zwei zusätzlichen Boostern versehen ist und die ungefähr doppelt so viel an Nutzlast wie die Stärkste der anderen Varianten in den Weltraum befördern kann. Die Delta-IV-Raketen werden von der United Launch Alliance, zu der Boeing und Lockheed Martin gehören, hergestellt.

Ionen, Licht und Sonnensegel

Alternative Antriebe

48

Bei herkömmlichen Raketenantrieben, die mit flüssigen Treibstoffen arbeiten, wird der Schub erzeugt, indem die mitgeführten Treibstoffe in eine Brennkammer gepresst werden. Die dabei erfolgende chemische Reaktion erzeugt Verbrennungsgase, die wegen der hohen Temperatur und dem Druck aus der Brennkammer durch eine Düse mit einer hohen Geschwindigkeit entweichen und dadurch Schub erzeugen. Über Alternativen dazu machten sich Raketentechniker schon früh Gedanken und hatten zahlreiche Vorschläge. Die meisten blieben im Bereich von Gedankenspielen.

Ionenantrieb

Schon Robert Goddard, Hermann Oberth und Wernher von Braun dachten über die Verwendung eines Ionenantriebs nach. Aber erst 1998 bekam ein Raumfahrzeug einen Primärantrieb dieser Art. Es handelte sich um die Sonde „Deep Space 1", die zu dem Asteroiden Braille und dem Kometen Borrelly geschickt wurde. Beim Ionenantrieb wird der Schub erzeugt, indem Teilchen, beispielsweise des Edelgases Xenon, ionisiert, in einem elektrischen Feld beschleunigt und als Strahl ausgestoßen werden. Iontriebwerke erzeugen jedoch einen zu geringen Schub, um eine Rakete von der Oberfläche eines Planeten abheben zu lassen. Stattdessen eignen sie sich vor allem für Langstreckenflüge. Während chemische Triebwerke nur wenige Minuten aktiv sein können, ist es Ionenantrieben sogar möglich, Monate lang zu laufen.

Sonnensegel

Die Idee, mit Hilfe von Segeln von einem Planeten zum anderen zu reisen, könnte aus den Anfängen der Science-Fiction-Literatur stammen. Tatsächlich hatte schon der russische Raumfahrtpionier Konstantin Ziolkowski die Idee, Segel im Weltraum einzusetzen. Was ein Raumschiff vorwärtstreiben sollte, wäre in diesem Fall kein Wind, sondern das Sonnenlicht. Die Photonen würden auf die Segel treffen und dadurch einen Schub bewirken.

Den bisher erfolgreichsten Test mit einem Sonnensegel hat die japanischen Raumfahrtagentur JAXA durchgeführt. Am 20. Mai 2010 startete die 315 Kilogramm schwere Sonde Ikaros auf einer H-IIA-Rakete. Im

Ein Raumfahrzeug mit Sonnensegel wurde erstmals von der japanischen Raumfahrtagentur JAXA erprobt.
Bild: JAXA

Weltraum angekommen, entfaltete Ikaros eine 170 Quadratmeter große Folie, das Sonnensegel. Für die Stromversorgung sorgten die Dünnschicht-Solarzellen im Segel. Eine Ausrichtung und dadurch eine Steuerung wurde ermöglicht, indem die Außenkanten des Segels heller oder dunkler gemacht wurden und dadurch mehr oder weniger Licht zurückwarfen.

Am 8. Dezember 2010 flog die Ikaros an der Venus vorbei. Der letzte Kontakt mit der Sonde fand im Mai 2015 statt.

Die Planetary Society schickte am 25. Juni 2019 einen über Crowdfunding finanzierten Satelliten mit der Bezeichnung „LightSail 2" ins All, um den Einsatz eines Sonnensegels in der Umlaufbahn zu erproben.

Sonnensegel haben den Vorteil, dass sie keinen Treibstoff benötigen. Zu den Nachteilen gehören jedoch die geringe Beschleunigung und der Umstand, dass der Druck des Sonnenlichts mit zunehmender Entfernung von der Sonne abnimmt.

Photonenantrieb

Auf dem Prinzip des Teilchenausstoßes basiert der Photonenantrieb. Der Raketen- und Raumfahrtforscher Eugen Sänger (1905–1964) hatte 1953 einen Vortrag über die Theorie der Photonenrakete gehalten. Bei diesem Antrieb würden zur Erzeugung von Schub Photonen, also Lichtquanten oder Lichtteilchen, ausgestoßen. Um die nötige Energie zu erzielen, sollten Antimaterie und normale Materie vollständig in Energie umgewandelt werden. Photonenantriebe werden zwar in den futuristischen Geschichten immer wieder als mögliche Antriebsart erwähnt, ihre Verwirklichung liegt aber vorerst noch in den Sternen.

Photonenantrieb bezeichnet aber auch eine Verbindung von Sonnensegel und Laserstrahl, die unter anderen der NASA-Physiker Philip Lubin vorschlug. Dabei soll ein Raumflugkörper beschleunigt werden, indem ein Lichtstrahl auf das Segel des Raumflugkörpers gerichtet wird. Mit dieser Technik sollte es einer leichten Sonde möglich sein, innerhalb von drei Tagen den Mars zu erreichen.

Raketen vom Subkontinent

Indiens Weg in den Weltraum

49

Indien war seit jeher ein Land der Gegensätze. Auf dem Subkontinent waren sowohl extreme Armut als auch extravaganter Reichtum zu finden. Neben zahlreichen Analphabeten brachte das Land auch viele bedeutende Wissenschaftler hervor. Ein Beispiel dafür ist Subrahmanyan Chandrasekhar (1910–1995), der 1983 gemeinsam mit William Fowler den Nobelpreis für Physik bekam. Nach ihm ist das Röntgenteleskop Chandra benannt.

Der erste Start einer indischen Rakete erfolgte am 21. November 1963 von einem Fischerdorf im Bundesstaat Kerala aus. Es handelte sich um eine Höhenforschungsrakete, die noch nicht die Umlaufbahn erreichte. Sie hieß „Nike-Apache", und ihre Komponenten waren von der NASA gebaut worden.

1969 erfolgte die Gründung der Raumfahrtorganisation ISRO („Indian Space Research Organization"), und sechs Jahre später startete an Bord einer sowjetischen Rakete von dem in Russland gelegenen Testgelände Kapustin Jar der erste indische Satellit, Aryabhata, in die Umlaufbahn. Aryabhata, benannt nach einem alten indischen Astronomen, führte Experimente im Bereich der Röntgenastronomie, der Sonnenphysik und der Teilchenstrahlung in der Ionosphäre durch. Der Satellit blieb jedoch nur vier Tage funktionsfähig.

1979 begann die ISRO mit den ersten Tests einer eigenen Trägerrakete. Die SLV-3 („Satellite Launch Vehicle-3") war eine vierstufige Rakete, die

Vikram Sarabhai

wird oft als „Vater der indischen Raumfahrt" bezeichnet. Er wurde 1919 in Ahmedabad, im indischen Bundesstaat Gujarat, als Sohn einer wohlhabenden Industriellenfamilie geboren. Er absolvierte vor dem Zweiten Weltkrieg in Cambridge ein Physikstudium und kehrte nach Kriegsausbruch nach Indien zurück, wo er unter dem Nobelpreisträger C. V. Raman, dem Onkel Chandrasekhars, ebenfalls Physik studierte. Er überzeugte den ersten indischen Premierminister, Jawaharlal Nehru (1889–1964), 1962 das „National Committee for Space Research" (INCOSPAR) zu gründen. Diese Institution war eine Vorläuferin der Weltraumforschungsorganisation ISRO.

Indien ist entschlossen, seinen Platz unter den raumfahrenden Nationen zu behaupten. Dazu gehört der Bau eigener Trägerraketen, Satelliten und Sonden. Bild: ISRO

fähig sein sollte, bis zu 40 Kilogramm in die Umlaufbahn zu tragen. Der erste erfolgreiche Start erfolgte am 18. Juli 1980. Er fand im Satish Dhawan Space Centre im Bundesstaat Andhra Pradesh statt und schickte den Satelliten Rohini RS-1 auf seine Mission.

Eine Erfolgsgeschichte

1984 konnte Indien auch den ersten eigenen Raumfahrer feiern. Ra-

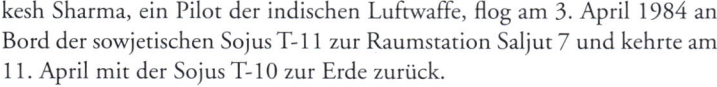

kesh Sharma, ein Pilot der indischen Luftwaffe, flog am 3. April 1984 an Bord der sowjetischen Sojus T-11 zur Raumstation Saljut 7 und kehrte am 11. April mit der Sojus T-10 zur Erde zurück.

2008 gelang der ISRO ein weiterer bedeutender Meilenstein: Sie schickte die Sonde Chandrayaan-1 zum Mond. Damit verließ erstmals ein indisches Raumfahrzeug die Erdumlaufbahn. Zur Ausstattung gehörten elf wissenschaftliche Instrumente, von denen sechs aus anderen Ländern stammten, und ein Impaktor, der auf der Oberfläche einschlagen sollte. Der Kontakt zur Sonde ging zwar schon im August 2009 verloren, aber die Mission gilt trotzdem als großer Erfolg für die ISRO.

Die erste interplanetare Mission unternahm die ISRO mit der Mars-Orbiter-Mission (MOM), auch als „Mangalyaan" bekannt, die am 5. November 2013 gestartet wurde und am 24. September 2014 eine Umlaufbahn um den Mars einschlug. Damit ist die ISRO die vierte Raumfahrtorganisation, die eine erfolgreiche Mission zum Roten Planeten geschickt hat.

Die ISRO hat weitere Aufsehen erregende Missionen geplant. Dazu gehört die Mondsonde „Chandrayaan-2", die nicht nur den Erdtrabanten umkreisen, sondern auch einen Rover absetzen sollte. Der Start erfolgte am 22. Juli 2019. Vier Wochen später begann die Sonde mit der Mondumkreisung. Der Landeversuch des Rovers am 6. September war jedoch nicht erfolgreich.

Schließlich ist auch noch zur 75-jährigen Unabhängigkeit Indiens im Jahre 2022 etwas Besonderes geplant: Zum ersten Mal soll ein bemannter Raumflug mit einer indischen Rakete stattfinden.

Ein aufstrebender Stern

Chinas Raumfahrt

50

Auch China hat einen „Vater der Raumfahrt". Er hieß Qian Xuesen (1911–2009) und stammte aus der ostchinesischen Stadt Hangzhou. Von 1929 bis 1934 studierte er in Shanghai Maschinenbau. Über ein Stipendium begann er 1935, also vor der Machtübernahme der Kommunisten in China, ein Studium am MIT in den USA. 1936 wechselte er an das California Institute of Technology (Caltech). Er gehörte zu der Abordnung, die 1945 nach Deutschland reiste, um Wernher von Braun und seine Kollegen zu interviewen. 1949 wurde er Professor am Caltech. Die wachsenden Spannungen zwischen dem seit 1949 kommunistischen China und den USA hatten auch Folgen für Qian Xuesen. 1955 erfolgte seine Ausreise nach China, wo er einen entscheidenden Beitrag zum Raketenprogramm leistete.

Ein Zwölfjahresplan für die Entwicklung eines chinesischen Raketenprogramms wurde 1956 verabschiedet. 1958 baute China eine Kurzstreckenrakete, die auf der sowjetischen R-2 basierte, die wiederum ein

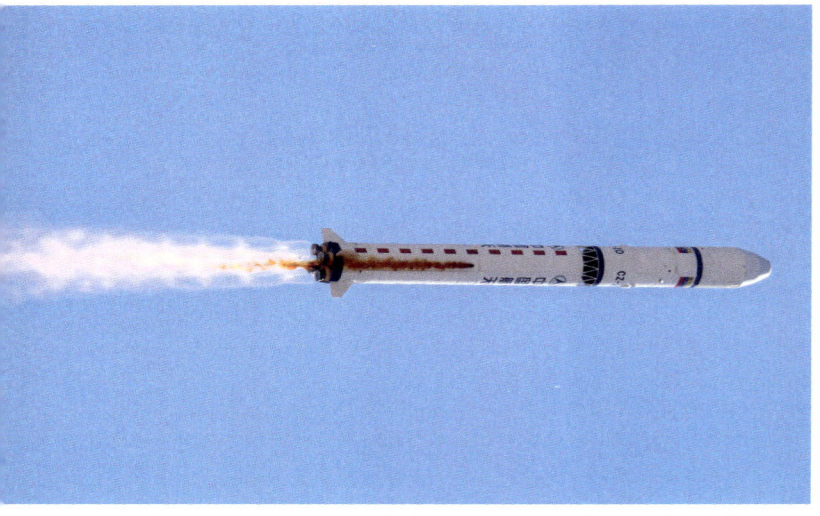

Eine Rakete vom Typ „Langer Marsch 2" startet am chinesischen Raumbahnhof Jiuquan.
Bild: Cristóbal Alvarado Minic / CC BY 2.0

Nachbau der deutschen A4 (V2) war. Mit der T-7 startete China 1960 auch zum ersten Mal eine Höhenforschungsrakete. Das acht Meter lange Flugobjekt konnte eine Nutzlast von 25 Kilogramm in eine Höhe von 58 Kilometern tragen. Nach dem Start des ersten Sputnik hatte Mao Zedong entschieden, dass auch China einen eigenen Satelliten in den Weltraum schicken müsse. Aber erst am 24. April 1970 erfolgte der erste erfolgreiche Start eines chinesischen Satelliten in die Umlaufbahn. Der Orbiter mit der Bezeichnung „Dong Fang Hong 1" („Der Osten ist rot 1") umkreiste die Erde 28 Tage lang und übertrug dabei das Lied „Der Osten ist rot".

Der Raketenbau in China hatte zunächst vor allem militärische Zwecke. Nach den Erfolgen der USA und der Sowjetunion erteilte Mao Zedong aber 1967 seine Zustimmung zur bemannten Raumforschung. Im folgenden Jahr wurde die „Chinesische Akademie für Weltraumtechnologie" gegründet (englisch „China Academy of Space Technology", kurz CAST). Angesichts der verheerenden Folgen der von 1966 bis 1976 dauernden Kulturrevolution, gab es jedoch keine großen Bestrebungen, die Raumfahrtpläne zu verwirklichen.

Ein Neustart

Erst Maos Tod und die folgenden Wirtschaftsreformen ermöglichten der chinesischen Raumfahrt einen ernsthaften Start. Ab 1985 hielt sogar die kommerzielle Nutzung der Raumfahrt Einzug, indem die Rakete „Langer Marsch" für verschiedene Länder Satelliten in den Weltraum beförderte.

Eine „Nationale Raumfahrtbehörde Chinas" (englisch „China National Space Administration", kurz CNSA) wurde 1993 gegründet. Diese Behörde soll das nationale Raumfahrprogramm koordinieren, überwachen sowie nach außen vertreten. Die bemannte Raumfahrt begann für China am 15. Oktober 2003 mit dem Start von Yang Liwei in die Umlaufbahn. Das Raumschiff Shenzhou 5 umkreiste die Erde 14-mal bevor es nach 21 Stunden und 23 Minuten in der Inneren Mongolei wieder landete. Ein weiteres geschichtliches Datum war der 27. September 2008, als Zhai Zhigang das Raumschiff Shenzhou 7 verließ und als erster chinesischer Raumfahrer einen Außenbordeinsatz durchführte. Eine neue Phase in der chinesischen Raumfahrt war die Errichtung der Raumstation Tiangong-1, die 2016 von Tiangong-2 abgelöst wurde. Mit Liu Yang schickte die chinesische Raumfahrtbehörde 2012 auch zum ersten Mal eine Frau ins All. Die Taikonautin (Raumfahrerin) befand sich zwölf Tage in der Umlaufbahn und führte in der Raumstation Tiangong-1 medizinische Experimente durch.

Japans Raumfahrt

Von der Bleistiftrakete zur Sonde

51

Im April 1955 führte das Industriewissenschaftliche Institut an der Universität Tokio unter der Leitung von Professor Hideo Itokawa ein Experiment zum Abschuss einer Feststoffrakete durch. Der Flugkörper war nur 23 Zentimeter lang und wog bloße 250 Gramm, weswegen man von einer „Bleistiftrakete" sprach.

Dieser Versuch gilt als der erste Schritt zu einem japanischen Raumfahrtprogramm. Eine Weiterentwicklung der „Bleistiftrakete" war die „Baby-Rakete", die eine Länge von 120 Zentimetern hatte und eine Höhe von sechs Kilometern erreichte. Die nachfolgende K-1 (Kappa-1) hatte eine Länge von 2,70 Metern und flog zehn Kilometer hoch. Mit Hilfe dieser Kappa-Raketen, die eine zunehmend größere Nutzlast beförderten und Beobachtungen der oberen Atmosphäre, der kosmischen Strahlung und andere Höhenforschungen ermöglichten, konnte Japan zum Internationalen Geophysikalischen Jahr 1957/58 wichtige Beiträge leisten.

Um den Start größerer Raketen zu ermöglichen, wurde 1962 das Raumfahrtzentrum Kagoshima (seit 2003 Raumfahrtzentrum Uchinoura), im Süden Japans errichtet. 1964 erfolgte an der Universität Tokio die Gründung des Instituts für Raumfahrt und Astronautik (englisch „Institute of Space and Aeronautical Science", kurz ISAS), als universitätsübergreifende Forschungseinrichtung der japanischen Weltraumaktivitäten. Ein weiterer wichtiger institutioneller Meilenstein war 1969 die Gründung der Nationalen Weltraumentwicklungsagentur (englisch „National Space Development Agency", kurz NASDA), die für die Entwicklung, den Start und Betrieb von Satelliten verantwortlich sein sollte.

Als Vater der japanischen Raumfahrt

gilt Hideo Itokawa (1912–1999). Nach ihm ist der Asteroid benannt, der von der Sonde Hayabusa besucht wurde. Er war ein vielseitiges Genie. Neben technischen Themen interessierte er sich auch für Sport, Musik und Philosophie. Itokawa übersprang in der Schule mehrere Klassen und schloss 1935 an der Kaiserlichen Universität von Tokio ein Studium der Luftfahrttechnik ab. Während des Zweiten Weltkriegs konstruierte er Flugzeuge. 1948 wurde er Professor an der Universität Tokio.

Die Epsilon ist eine Trägerrakete der JAXA, die bis zu 1.200 Kilogramm in eine niedrige Erdumlaufbahn tragen kann. **Bild:** JAXA

Ebenfalls ein wichtiges Datum in der Geschichte der japanischen Raumfahrt war der 11. Februar 1970. An diesem Tag startete Osumi (auch Ohsumi geschrieben), der erste japanische Satellit, auf der Spitze einer Lambda-4S-Rakete ins All. Damit wurde Japan nach der Sowjetunion, den USA und Frankreich das vierte Land, das einen Satelliten mit einer eigenen Trägerrakete in eine Umlaufbahn beförderte. 1977 schickte Japan Kiku-2 ins All und wurde damit das dritte Land, das einen geostationären Satelliten platzierte. Die dabei verwendete N-1-Rakete war eine japanische Version der amerikanischen Delta. Auf der Delta-Rakete basierte auch die N-2, die ab 1981 erfolgreich Satelliten ins All transportierte. Ab 1986 kam die H-1 zum Einsatz. Bei der ersten Stufe dieser Trägerrakete handelte es sich noch um eine Lizenzfertigung der amerikanischen Thor, während die zweite Stufe eine japanische Entwicklung war.

Weitere wichtige Ereignisse waren 1985 die Starts der Sonden Sakigake und Susei auf Raketen der Mu-Familie, die mit Feststofftriebwerken ausgestattet waren. Die beiden Raumfahrzeuge gehörten zu der Flottille von Sonden, die von mehreren Raumfahrtorganisationen zum Halleyschen Kometen geschickt wurden.

Mit der Verschmelzung der Organisationen ISAS, NASDA und NAL (National Aerospace Laboratory) zur Japanischen Weltraumerforschungsbehörde (englisch „Japan Aerospace Exploration Agency", kurz JAXA) am 1. Oktober 2003 erfolgte eine Neuorganisation der japanischen Raumfahrt. Zu den vielen wissenschaftlichen Missionen, die seitdem von der JAXA unternommen wurden, gehören der Mond-Orbiter Kaguya (2007), das ISS-Modul Kibo (2008 gestartet) sowie die Sonde Hayabusa 2, die 2018 den Asteroiden Ryugu anflog und drei Rover absetzte.

Der verhüllte Planet

Venus

52

Der nach der römischen Liebesgöttin Venus benannte Planet war wegen seiner Leuchtstärke den Menschen schon seit jeher bekannt. Abhängig davon, ob er vor dem Sonnenaufgang oder nach dem Sonnenuntergang zu sehen war, bezeichnete man ihn als Morgenstern oder Abendstern. Die Venus ist nicht nur ein Nachbarplanet der Erde – die beiden Planeten können sich auf bis zu 40 Millionen Kilometer nahe kommen –, sie kann auch als Schwesterplanet der Erde gesehen werden, da sich beide hinsichtlich ihrer Größe, ihrer Masse und ihrer Zusammensetzung sehr ähneln. In mancher Hinsicht sind die beiden Schwestern jedoch sehr verschieden.

Da sich die Umlaufbahn der Venus innerhalb der Erdbahn befindet, erscheint sie in unterschiedlichen Phasengestalten. Manche scharfäugige Beobachter glauben die Sichelform der Venus mit bloßem Auge erkennen zu können. Aber mit Hilfe eines Teleskops konnte dies Galileo Galilei 1610 zum ersten Mal mit Sicherheit bestätigen. Was mit Teleskopen ausgerüsteten Forschern ebenfalls auffiel, war die dichte Wolkendecke, mit der die Venus verhüllt ist und die keinen Blick auf die Oberfläche zulässt.

Wissenschaftler und Erzähler fantastischer Geschichten rätselten lange Zeit darüber, was sich unterhalb der dichten Wolkendecke der Venus verbirgt. Bild: NASA

Heiße Verhältnisse

Heute wissen wir mehr über die tatsächlichen Bedingungen auf dem Nachbarplaneten – und sie sind alles andere als lebensfreundlich. Anstatt aus Wassertröpfchen, wie auf der Erde, bestehen die obersten Wolken der Venus aus Schwefelsäure. Orkane mit einer Geschwindigkeit von 360 Stundenkilometern treiben die Wolken in ungefähr vier Tagen um den Globus. Nicht weniger lebensfeindlich ist es weiter unten in der dichten, zum größten Teil aus Kohlendioxid bestehenden Atmosphäre. Auf der Oberfläche ist die Windgeschwindigkeit zwar nicht so hoch, aber die Temperatur von 470 Grad Celsius würde jedes Wasser sofort zum Verdunsten bringen – falls es welches gäbe – und bringt sogar Blei zum Schmelzen. Der atmosphärische Druck ist ungefähr so hoch wie 1,6 Kilometer unter Wasser auf der Erde. Die einwandfreie Sichtweite beträgt nur etwa 100 Meter.

Eine weitere Besonderheit der Venus ist die Drehrichtung, die von Ost nach West verläuft und damit anders erfolgt als bei den übrigen Planeten – mit Ausnahme des Uranus. Das heißt, dass die Sonne im Westen auf- und im Osten untergeht. Die Rotation vollzieht sich jedoch sehr langsam. Sie nimmt relativ zur Sonne fast 117 Erdtage in Anspruch. Dadurch dauert ein Venustag länger als ein halbes Venusjahr, das 224,7 Erdtage lang ist. Diese langsame Rotation hat wahrscheinlich auch zur Folge, dass die Venus ein sehr schwaches Magnetfeld besitzt.

Venus und Erde im Vergleich

	Venus	Erde
Durchmesser am Äquator	12.103,6 km	12.756,32 km
Umfang am Äquator	38.024,6 km	40.075 km
Mittlere Dichte	5,243 g/cm³	5,513 g/cm³
Masse (Erde = 1)	0,815	1
Gravitation an der Oberfläche	8,87 m/s²	9,80665 m/s²
Atmosphäre (Hauptbestandteile)	96,5 % Kohlenstoffdioxid, 3,5 % Stickstoff	78 % Stickstoff, 20,95 % Sauerstoff
Mittlerer Abstand von der Sonne	108.209.475 km (0,72 AE)	149.598.262 km (1 AE)
Umlaufzeit (siderisch)	224,701 Erdtage	365,256 Erdtage

Sowjetische Venus-Sonden

Die Venera-Missionen

53

Kein anderes Land schickte mehr Sonden zum Nachbarplaneten als die Sowjetunion, und keine andere Raumfahrtorganisation hatte mit mehr Fehlschlägen zu kämpfen als die sowjetische. Bereits im Februar 1961 hoben vom kasachischen Baikonur zwei Molnija-Trägerraketen ab, um die Sonden Sputnik 7 und Venera 1 zur Venus zu befördern. Allerdings gelang es Sputnik 7 nicht, die Erdumlaufbahn zu verlassen, und Venera 1 flog am Ziel in einer Entfernung von etwa 100.000 Kilometern vorbei. Im folgenden Jahr unternahm die Sowjetunion gleich drei Versuche, Raumfahrzeuge zum Nachbarplaneten zu schicken. Aber keine der Molnija-Raketen konnte die niedrige Erdumlaufbahn verlassen. Nicht viel besser erging es den drei Missionen, die zwei Jahre später starteten. Immerhin erreichte eine der Sonden den Nachbarplaneten, allerdings ohne Daten zu übermitteln, da die Kommunikation zuvor abgebrochen war.

Endlich die ersten Erfolge

Die erstaunliche Beharrlichkeit der sowjetischen Raumfahrtorganisation konnte Ende der 1960er-Jahre nach sechs weiteren Fehlschlägen endlich Erfolge vorweisen. Der Venera 4 gelang es 1967, in die Venusatmosphäre einzutauchen. Die Batterien der Sonde hielten jedoch nicht lange genug stand, um Messdaten von der Oberfläche zu senden. Zwei Jahre später erreichten die Sonden Venera 5 und 6 die Venus. Sie

---

Wussten Sie schon?

Mit zwei Vega-Sonden kamen erstmals Ballone auf einem anderen Planeten zum Einsatz. Die Flugkörper wurden auf der Nachtseite der Venus abgesetzt, um Messungen in der Atmosphäre vorzunehmen. Sie lieferten Daten, bis sie vom Wind auf die Tagseite getrieben wurden und wegen der Hitze platzten. An den 1984 mit Proton-Raketen gestarteten Vega-Missionen waren nicht nur die Sowjetunion, sondern auch ost- und westeuropäische Länder beteiligt. Mit den Vega-Sonden, die auch Landemodule absetzten und den Halley-Komet erforschen sollten, erfolgte das Ende der sowjetischen Venus-Missionen.

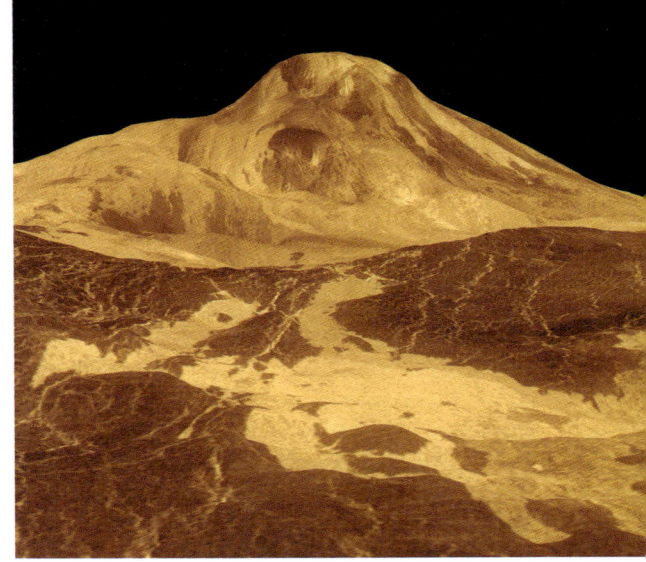

Eine Plattentek-
tonik gibt es auf
der Venus nicht.
Deswegen erfolgt
die Freisetzung
der Wärme aus
dem Inneren des
Planeten über
Vulkanausbrüche.
Bild: NASA/JPL

konnten während ihres Abstiegs in die Atmosphäre über 50 Minuten lang
Daten senden, erreichten aber die Oberfläche nicht funktionsfähig. Mit
der Venera 7 gelang der Sowjetunion schließlich die erste erfolgreiche
Landung. Die über eine Tonne schwere Sonde konnte 23 Minuten lang
von der Oberfläche Daten senden. Ebenfalls ein Erfolg war Venera 8, die
1972 den Planeten erreichte. Zu den Daten, die sie übermittelte, gehörten
die Temperatur von 470 Grad Celsius und die Helligkeit, die etwa einem
bewölkten Tag auf der Erde entsprach und eine Sichtweite von ungefähr
einem Kilometer erlaubte.

Die Proton-Generation

Die Zeit der Misserfolge war vorbei, als 1975 die Sonden Venera 9
und 10 auf Proton-Raketen ins All getragen wurden. Beide Raumfahrzeuge bestanden aus einem Orbiter, der den Planeten umkreisen sollte, und einem Landemodul. Die Sonden erreichten ihr Ziel und konnten
Bilder von der extrem heißen und trockenen Venuslandschaft zur Erde
schicken. Als Erfolge oder zumindest Teilerfolge erwiesen sich auch die
Sonden Venera 11 bis 16. Die Landemodule von Venera 13 und 14 lieferten die ersten Farbbilder der Oberfläche und nahmen Bodenproben. Die
beiden letzten Sonden, die den Nachbarplaneten 1983 erreichten, führten
keine Landemodule mit, sondern umkreisten den Planeten, um die Oberfläche mit einem Radar zu kartographieren.

Pioneer Venus und Magellan

Die Venus-Sonden der NASA

54

Die NASA begann die Venus-Forschung mittels Sonden 1962 – ein Jahr nach dem Start der ersten sowjetischen Venera-Mission – mit dem Mariner-Programm. Trotz seiner erdähnlichen Größe und Beschaffenheit hatte der Nachbarplanet verglichen mit dem Mond und dem Mars bei der amerikanischen Raumfahrt jedoch nur eine nachgeordnete Bedeutung. 1978 schickte die NASA aber gleich zwei Sonden zur Venus. Diesmal sollte es nicht bei Vorbeiflügen bleiben. Stattdessen sollten die beiden Pioneer-Raumschiffe den Planeten umkreisen, Aufnahmen von der Oberfläche machen und sogar in die Atmosphäre eindringen.

Am 20. März 1978 hob Pioneer Venus 1 auf einer Atlas-Centaur-Rakete von Cape Canaveral ab und schwenkte am 4. Dezember in eine elliptische Umlaufbahn ein. Dabei wurden bei der geringsten Entfernung ein Radargerät zur Kartierung der Oberfläche und beim größten Abstand eine Kamera zur Untersuchung des Venuswetters eingesetzt. Die Sonde konnte feststellen, dass die Venus im Allgemeinen eine glattere Oberfläche als die Erde hat. Gleichzeitig weist die Venus aber einen höheren Berg und ein tieferes Tal als die Erde auf.

Die Pioneer Venus 2 startete am 8. August 1978 ebenfalls auf einer Atlas-Centaur. Sie bestand aus einem Satellitenbus (einem Servicemodul),

Venus Express der ESA

Mit dem Ziel, die Venus-Atmosphäre zu erforschen, startete am 9. November 2005 die Sonde „Venus Express" der ESA auf einer Sojus-Fregat-Rakete. Die Sonde erreichte ihr Ziel am 11. April des folgenden Jahres und begann bis zum Missionsende Anfang 2015 Messungen durchzuführen. Zu den Entdeckungen der Venus Express gehörte eine überraschend kühle Schicht der Atmosphäre, in der die Temperaturen so niedrig sind, dass Kohlendioxid als Eis oder Schnee gefrieren kann. Außerdem konnte der Verlust von Wasserstoff- und Sauerstoffmolekülen nachgewiesen werden. Dieser Verlust tritt auf, weil Wassermoleküle in der oberen Atmosphäre durch die einfallende ultraviolette Strahlung gespalten werden. Der Sonnenwind trägt diese dann mit sich fort.

Magellan lieferte hochauflösende Radarkarten der Venusoberfläche und ermöglichte auch andere Erkenntnisse, wie das Fehlen einer Kontinentalverschiebung.
Bild: NASA

einer kegelförmigen Tochtersonde mit einem Durchmesser von 1,5 Metern, die mit sieben Instrumenten für wissenschaftliche Experimente ausgestattet war, sowie drei ebenfalls kegelförmigen Tochtersonden mit einem Durchmesser von nur 80 Zentimetern, die an verschiedenen Stellen des Planeten niedergehen sollten.

Das Raumschiff erreichte die Venus am 9. Dezember 1978. Die große Sonde trat als erste in die Atmosphäre ein, gefolgt von den drei kleineren und schließlich dem Bus. Die vier Sonden übermittelten Daten, bis sie die Oberfläche der Venus erreichten. Eine der kleinen Sonden überlebte den Aufprall und lieferte über eine Stunde lang Daten von der Oberfläche.

Magellan

Über zehn Jahre mussten die Forscher bis zur nächsten Venus-Mission warten. Am 4. Mai 1989 startete die Magellan auf einem Space Shuttle. Die Sonde wurde auch „Venus Radar Mapper" genannt, weil ihre Hauptaufgabe darin bestand, mit einem Radar die Oberfläche des Planeten zu kartieren, und zwar in einer größeren Auflösung als es jemals zuvor möglich gewesen war. Während der Mission, die vier Jahre und fünf Monate dauerte, schickte die Magellan-Sonde mehr Daten zur Erde als alle vorhergehenden Raumflugkörper der NASA gemeinsam. Sie lieferte dabei Bilder von 98 Prozent der Oberfläche. Im Sommer 1993 schickte man die Sonde in die äußerste Schicht der Atmosphäre, um damit eine sogenannte Atmosphärenbremsung (Aerobraking) zu erproben und die Sonde in eine kreisförmigere Umlaufbahn zu bekommen. Dabei konnte man auch Schlussfolgerungen auf die Beschaffenheit der Atmosphäre ziehen. Der Kontakt zur Sonde brach am 13. Oktober 1994 ab, nachdem das Raumschiff angewiesen worden war, in die Atmosphäre einzutauchen und aerodynamische Daten zu sammeln.

Ein felsiger Zwerg

Merkur

55

Der Merkur ist der kleinste Planet des Sonnensystems und der Sonne am nächsten. Er gehört zugleich zu den Planeten, die bereits in der Antike bekannt waren. Wegen seiner Nähe zur Sonne ist er jedoch nur immer kurze Zeit zu sehen, nämlich vor Sonnenauf- oder nach Sonnenuntergang. Für den Umlauf um das Zentralgestirn benötigt er nur knapp 88 Tage. Dabei bewegt er sich in einer ausgesprochenen Ellipse, die mehr vom Kreis abweicht als die Bahnen aller anderen Planeten. Seine größte Entfernung von der Sonne beträgt fast 70 Millionen Kilometer, und er kommt dem Muttergestirn bis auf 46 Millionen Kilometer nahe. Früher dachte man, dass der Merkur eine gebundene Rotation vollführt, dass also eine Seite immer der Sonne zugewandt ist, während die andere ständig im Dunkel liegt. Inzwischen weiß man aber, dass er sich innerhalb von zwei Merkurjahren einmal in Bezug auf die Sonne dreht. Grund für die langsame Rotation ist die abbremsende Gezeitenwirkung der Sonne auf den kleinen Begleiter. Wegen der Nähe zur Sonne, der langsamen Rotation und der fehlenden Atmosphäre, unterliegt die Temperatur auf der Oberfläche einer enormen Schwankung. Sie kann auf der Tagseite bis zu 430 Grad Celsius und auf der Nachtseite minus 180 Grad Celsius erreichen.

Statt einer richtigen Atmosphäre besitzt der Merkur eine dünne Exosphäre aus Atomen, die vom Sonnenwind und den einschlagenden

Merkur und Erde im Vergleich

	Merkur	**Erde**
Durchmesser am Äquator	4.879,4 km	12.756,32 km
Umfang am Äquator	15.321,32 km	40.075 km
Mittlere Dichte	5,427 g/cm³	5,513 g/cm³
Masse (Erde = 1)	0,055	1
Gravitation an der Oberfläche	3,7 m/s²	9,80665 m/s²
Atmosphäre (Hauptbestandteile)	ca. 42 % Sauerstoff, ca. 29 % Natrium, ca. 22 % Wasserstoff, ca. 6 % Helium, ca. 0,5 % Kalium	78 % Stickstoff, 20,95 % Sauerstoff

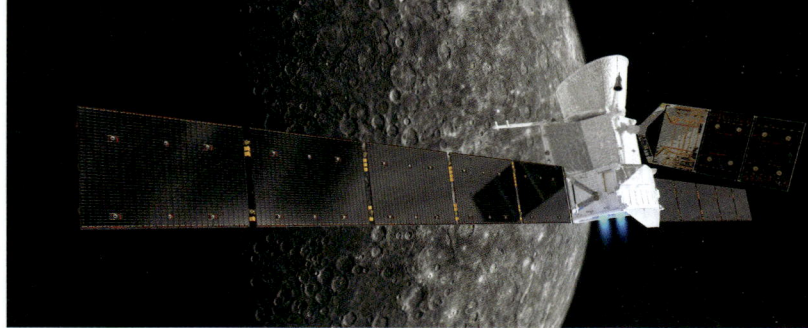

Diese künstlerische Darstellung zeigt BepiColombo in der Transportkonfiguration beim Merkur. Das Ionentriebwerk ist eingeschaltet, und die 30 Meter messenden Solarflügel sind ausgefahren. **Bild: ESA/ATG medialab (Raumschiff) und NASA/JPL (Merkur)**

Meteoroiden von der Oberfläche gesprengt werden. Sie besteht hauptsächlich aus Sauerstoff, Natrium, Wasserstoff, Helium und Kalium.

Merkur ist nach der Erde der Planet mit der zweitgrößten Dichte. Er hat einen großen metallischen Kern mit einem Durchmesser von ungefähr 4.150 Kilometern, was ungefähr 85 Prozent des Durchmessers des Planeten entspricht. Es gibt Hinweise darauf, dass der Kern teilweise geschmolzen oder flüssig ist. Der äußere Mantel ist vergleichbar mit dem Mantel der Erde und etwa 400 Kilometer dick.

Merkur-Missionen

Mariner 10 war 1974 die erste Sonde, die den Merkur erreichte. Sie machte Aufnahmen von etwa 45 Prozent der mit Kratern übersäten Oberfläche und übermittelte Daten über das Magnetfeld. Erst am 3. August 2004 startete die nächste Sonde, Messenger. Messenger konnte im Zuge der Mission wertvolle Daten über die chemische Zusammensetzung der Oberfläche, die Exosphäre, den Kern und das Magnetfeld liefern. Am 30. April 2015 endete die Mission mit dem beabsichtigten Sturz der Sonde auf den Planeten. Bei der dritten Sonde, die den Namen „BepiColombo" trägt, handelt es sich um ein Gemeinschaftsprojekt der ESA und der japanischen Raumfahrtagentur (JAXA). Die Sonde startete am 20. Oktober 2018 auf einer Ariane 5 in Kourou. Auf dem Weg wird das Raumfahrzeug ein Swing-by-Manöver an der Erde, zwei an der Venus und sechs am Merkur vollziehen. Dabei wird BepiColombo 18-mal die Sonne umkreisen. Einige Monate vor der geplanten Ankunft im Dezember 2025 wird das Transfermodul abgeworfen, und die beiden noch miteinander verbundenen wissenschaftlichen Orbiter – einer von der ESA und einer von der JAXA – werden in die Umlaufbahn eintreten.

Der Rote Planet

Mars

56

Der Mars ist von der Sonne aus gesehen der vierte Planet des Sonnensystems. Wie der Merkur, die Venus und die Erde zählt er zu den Gesteinsplaneten. Obwohl er der Erde entfernter liegt als die Venus und der Merkur, gelten das Interesse und die Phantasie der Erdenbewohner keinem anderen Planeten mehr als dem Mars. Während die Venus von einer dichten Wolkendecke verhüllt ist, kann man die Oberfläche des Mars mit Fernrohren beobachten. Man glaubte schon früh, eine rote wüstenartige Landschaft und Anzeichen von Leben zu erkennen. Eine der bekanntesten dieser „Entdeckungen" machte der Mailänder Astronom Giovanni Schiaparelli. Er sah auf dem Mars Punkte und Flecken, die mit dünnen, geraden Linien verbunden waren. Was sollte dies anderes bedeuten, als dass die Marsbewohner Kanäle in den Boden gegraben hatten, um das karge Wasser auf dem Wüstenplaneten zu verteilen? Zu den Befürwortern der Vorstellung, dass man auf dem Mars die Anzeichen intelligenten Lebens ausmachen könne, gehörte der Astronom Percival Lowell (1855–1916). Er widmete sein Leben dem Studium des Roten Planeten und ließ zu diesem Zweck in der Nähe von Flagstaff,

Mars und Erde im Vergleich

	Mars	Erde
Durchmesser am Äquator	3.396,2 km	12.756,32 km
Umfang am Äquator	21.296,9 km	40.075 km
Mittlere Dichte	3,934 g/cm³	5,513 g/cm³
Masse (Erde = 1)	0,107	1
Gravitation an der Oberfläche	3,71 m/s²	9,80665 m/s²
Atmosphäre (Hauptbestandteile)	95,97 % Kohlenstoffdioxid, 1,89 % Stickstoff, 1,93 % Argon, 0,146 % Sauerstoff	78 % Stickstoff, 20,95 % Sauerstoff
Mittlerer Abstand von der Sonne	227,99 Millionen km (1,524 AE)	149.598.262 km (1 AE)
Umlaufzeit (siderisch)	686,98 Erdtage	365,256 Erdtage
Anzahl der Monde	2	1

So stellte sich noch in den 1970er-Jahren ein unbekannter Künstler vom Jet Propulsion Laboratory der NASA mögliches Leben auf dem Mars vor.
Bild: NASA/JPL

P-15307B

P-15307A

P-15308

im amerikanischen Bundesstaat Arizona, ein Observatorium errichten. Auch er glaubte an ein künstliches Bewässerungssystem auf dem Mars. Er entdeckte Verfärbungen weiter Gebiete, die ihr Aussehen gemäß dem Rhythmus der Jahreszeiten änderten. Wenn die Polkappen abschmolzen, traten die Kanäle deutlicher hervor, weil sie seiner Vorstellung nach mit Wasser gefüllt wurden. Im Marswinter bildeten sich die Polkappen zurück, und die Kanäle verschwanden fast vollständig.

Geringe Hoffnung auf Leben

Spätestens seit den ersten Raumsonden weiß man, dass der Mars nicht mit Kanälen überzogen ist. Der Physiker und Wissenschaftspopularisierer Heinz Haber äußerte noch 1959 in seinem Buch „Lebendiges Weltall" die Meinung, dass es zumindest Flechten auf dem Roten Planeten geben müsse. Aber selbst diese Lebensform konnte man bisher nicht entdecken. Die dünne Atmosphäre und die Temperaturen, die im Mittel nur bei minus 55 Grad Celsius liegen, machen flüssiges Wasser an der Oberfläche unmöglich. Zudem hat der Mars kein nennenswertes Magnetfeld, das eine Bombardierung durch kosmische Strahlung verhindern könnte.

Trotzdem hegen viele die Hoffnung, doch noch Leben zu finden, wenn auch unter der Oberfläche und in mikroskopischer Form.

Schwierige Missionen

Die frühen Mars-Sonden

57

Im Oktober 1960, nur drei Jahre nachdem der erste Satellit erfolgreich gestartet worden war, wollte die Sowjetunion bereits die ersten Sonden zum Roten Planeten schicken. Sie hießen Marsnik 1 und 2. Beide Raumfahrzeuge erreichten jedoch nicht einmal die Erdumlaufbahn. 1962 starteten drei weitere Raketen, die sowjetische Sonden Richtung Mars tragen sollten: Sputnik 22, Mars 1 und Sputnik 24. Nur einer davon, nämlich Mars 1, gelang es, die Erdumlaufbahn zu verlassen und die Richtung auf das vorgesehene Ziel einzuschlagen. Als Mars 1 etwa 106 Millionen Kilometer von der Erde entfernt war, brach jedoch der Funkkontakt ab, und die Sonde ging verloren.

Mariner-Sonden

Auch die NASA musste mit der am 5. November 1964 gestarteten Mariner 3 zunächst einen Fehlschlag hinnehmen. Am 28. November legte aber Mariner 4 auf einer Atlas-Agena D einen erfolgreichen Start hin und gelangte auf den vorgesehenen Kurs Richtung Mars. Sie flog am 14. Juli 1965 als erstes irdisches Raumfahrzeug am Roten Planeten vorbei und schickte 22 Aufnahmen an die Erde. Die Bilder zeigten eine Landschaft, die eher an den Mond als an die Erde erinnerte. Von Kanälen oder bewachsenen Flächen war keine Spur.

1969 kamen die beiden Schwestersonden Mariner 6 und 7 am vierten Planeten an. Da der Vorbeiflug am Mars nur eine Woche nach der Mondlandung der Apollo 11 erfolgte, erregte diese Mariner-Mission nicht so viel Aufsehen, wie es ihr gebührte. Die Sonden fotografierten ungefähr 20 Prozent der Marsoberfläche und schickten 201 Bilder zur Erde. Die Ergebnisse des Infrarotradiometers zeigten außerdem, dass die Atmosphäre vor allem aus Kohlenstoffdioxid besteht.

Einen gemischten Erfolg hatte die NASA mit den 1971 gestarteten Sonden Mariner 8 und 9. Während Mariner 8 nach dem Start wieder in den Ozean stürzte, erreichte die Schwestersonde das Ziel. Mariner 9 setzte einen neuen Meilenstein in der Raumfahrtgeschichte. Sie schwenkte am 14. November 1971 als erste Sonde in die Umlaufbahn um den Roten Planeten ein und begann, die Oberfläche zu kartieren. Anfangs tobte auf dem Mars der größte bis dahin beobachtete Sandsturm. Aber die Mariner-Sonde konnte während des 349-tägigen Einsatzes 7.329 Bilder,

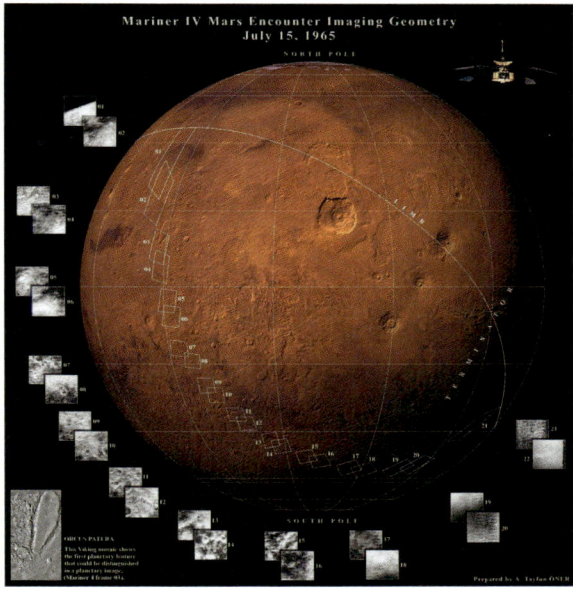

Mariner 4 war die erste Sonde, die den Mars erreichte. Sie nahm während des Vorbeiflugs 22 Bilder auf. Bild: NASA

die 85 Prozent der Marsoberfläche abdeckten, an die Erde übermitteln. Außerdem wurden weitere Daten über die Atmosphäre und die Oberflächentemperatur ermittelt.

Sowjetische Missionen

Die Sowjetunion musste mittlerweile weitere Fehlschläge einstecken. Die vier Sonden, die in den Jahren 1969 und 1971 von Baikonur gestartet waren, gelangten nicht einmal auf den Weg zum Mars. Im Juli 1973 schickten die sowjetischen Raumforscher die Sonden Mars 4 und 5 los. Beide erreichten den Roten Planeten. Anstatt aber in eine Umlaufbahn zu schwenken, flog Mars 4 weiter. Die Schwestersonde schlug erfolgreich einen Orbit ein und konnte ungefähr 60 Bilder zur Erde schicken. Nach neun Tagen und 22 Umkreisungen fiel sie jedoch wegen eines Druckverlusts aus.

Im August 1973 starteten die mit einem Landemodul ausgestatteten Sonden Mars 6 und 7. Beide Raumfahrzeuge erreichten den Zielplaneten, hatten jedoch Kommunikationsprobleme. Das Landemodul der Mars 6 wurde zwar rechtzeitig abgesetzt, zerschellte aber wahrscheinlich auf der Oberfläche. Dagegen erfolgte bei der Mars 7 die Trennung vom Landemodul zu früh, sodass das Modul am Mars vorbeiflog.

Wikinger auf dem Mars

Die Viking-Missionen

58

Die Erfolgsbilanz der NASA bei den Marsmissionen war bedeutend besser als die sowjetische. Nachdem das erste US-Raumfahrzeug in die Umlaufbahn um den Mars gegangen war und einen Großteil der Oberfläche fotografiert hatte, versuchte die Raumfahrtbehörde als nächsten Schritt das zu erreichen, was bei den Sowjets so spektakulär fehlgeschlagen war. Am 20. August und am 9. September 1975 starteten die etwa dreieinhalb Tonnen schweren Sonden Viking 1 und Viking 2. Viking 1 erreichte das Ziel am 19. Juni 1976 und begab sich in eine Umlaufbahn um den Planeten. Viking 2 folgte am 7. August. Beide Raumfahrzeuge bestanden aus einem Orbiter und einem Landemodul. Nachdem sie den Planeten über einen Monat lang umkreist und Fotos von der Oberfläche zur Erde gefunkt hatten, wurden in der Missionszentrale passende Landestellen ausgewählt. Das Landemodul der Viking 1 entkoppelte sich am 20. Juli 1976 vom Mutterschiff. Der Abstieg erfolgte in vier Stufen. Zunächst bremsten Düsen das Modul ab, um es aus der Umlaufbahn zu holen. Als Nächstes erfolgte das Eintreten in die Marsatmosphäre, wobei der Hitzeschild zum Abbremsen beitrug. In einer Höhe von etwa sechs Kilometern wurde eine obere Schutzhülle abgesprengt, dann kam ein Fallschirm zum Einsatz. Die Geschwindigkeit verringerte sich dadurch auf 64 Meter pro Sekunde (230 km/h). Als das Modul noch etwa 1,4 Kilometer von der Oberfläche entfernt war, wurden der Fallschirm abgetrennt und die Landedüsen gezündet. Sobald eines der Landebeine auf dem Boden aufsetzte, erfolgte die Abschaltung der Triebwerke. Zum ersten Mal setzte ein menschliches Forschungsgerät sanft auf dem Marsboden auf – und es blieb funktionsfähig. Das Landemodul der Viking 2 vollzog am 3. September 1975 eine ebenso erfolgreiche Landung.

Die Viking-Landemodule lieferten zahlreiche Bilder direkt von der Marsoberfläche und führten mehrere biologische Experimente durch. Unter anderem wurden dem Marsboden Proben entnommen und erhitzt, um die austretenden Gase zu analysieren. Spuren von Leben ließen sich jedoch weder auf den Bildern noch in den Proben finden. Allerdings stellten die Viking-Missionen fest, dass die Zusammensetzung des Marsbodens fast identisch mit einigen Meteoriten auf der Erde ist. Dies deutete darauf hin, dass einige auf der Erde gefundenen Meteoriten ursprünglich vom Mars stammten.

Zum ersten Mal waren Bilder direkt vom Mars erhältlich. Die Landschaft erinnert an manche Wüstengegenden der Erde. **Bild: NASA**

Die Nachfolger

Nach dem großen Erfolg der Viking-Missionen musste die NASA jedoch auch einige teure Rückschläge einstecken. Am 25. September 1992 startete die Mars Observer. Die Sonde hatte eine Reihe von Instrumenten dabei, um die Geologie, Atmosphäre und das Klima des Planeten zu untersuchen. Das Raumschiff sollte am 21. August 1993 die Mars-Umlaufbahn erreichen, ging aber kurz vorher verloren. Eine mögliche Ursache war ein Leck im Tank, das zu einem Drehen des Raumschiffs und zum Kontaktabbruch führte. Angesichts der Kosten in Höhe von etwa 813 Millionen US-Dollar war dies ein schmerzhafter Verlust. Eine der Konsequenzen daraus war der Start des FBC-Programms. Die Abkürzung stand für „Faster, Better, Cheaper" (schneller, besser, billiger).

Am 7. November 1996 verließ der nächste Orbiter, der Mars Global Surveyor (MGS), die Erde und erreichte den Mars am 12. September 1997. MGS kartierte den Roten Planeten von Pol zu Pol und entdeckte dabei auch Anzeichen von einstigem Wasser. Die Daten halfen der NASA bei der Entscheidung, wo zukünftige Marsfahrzeuge landen sollten. Die Mission wurde mehrmals verlängert, bis 2006 der Kontakt abbrach. Die Kosten der MGS-Mission beliefen sich auf 154 Millionen Dollar für die Entwicklung und den Bau sowie auf 65 Million Dollar für die Trägerrakete. Die jährlichen Betriebskosten lagen bei etwa 20 Millionen Dollar.

Mobil auf dem Mars

Die Zeit der Rover

59

Am 4. Juli 1997 brach eine neue Ära der Marsforschung an. An diesem Tag ging auf der Oberfläche des Roten Planeten die NASA-Sonde Mars Pathfinder nieder. Die Sonde war in die Marsatmosphäre unter Verwendung eines neuen Landesystems eingetreten. Dazu gehörten eine Eintrittskapsel, ein Fallschirm, gefolgt von Bremsraketen und schließlich das Aufblasen großer Airbags zum Abfedern des Aufpralls. Der Lander war mit mehreren Kameras und Messinstrumenten bestückt. Zu seiner Ausstattung gehörte jedoch etwas Besonderes, was bisher nur die Sowjets auf dem Mond erprobt hatten, nämlich ein kleines Geländefahrzeug (Rover), das die Möglichkeiten der Marsforschung bedeutend erweiterte.

Der Rover mit dem Namen Sojourner wog nur 10,5 Kilogramm und fuhr auf sechs Rädern. Er war mit drei Kameras ausgestattet: zwei Monochromkameras vorne und eine Farbkamera hinten. Während seiner 83-tägigen Mission legte der Rover etwas über hundert Meter zurück und führte mehrere Experimente durch.

Spirit und Opportunity

Am 4. Januar 2004 landete nach einer fast siebenmonatigen Reise der NASA-Rover mit dem Bezeichnung Spirit. Drei Wochen später ging an einer anderen Stelle auf dem Mars der baugleiche Rover Opportunity nieder. Die Fahrzeuge waren bedeutend größer und wogen mehr als das Fünfzehnfache des kleinen Vorgängers. Anders als Sojourner benötigten sie auch keine Bodenstation, um Daten zur Erde zu übermitteln. Zur Ausstattung der Rover gehörten mehrere Kameras, verschiedene Spektrometer, ein schwenkbarer Arm mit einem Gesteinsmikroskop sowie ein Werkzeug, mit dem Gesteinsoberflächen abgebürstet und einige Millimeter tief angebohrt werden konnten.

Jeder der Rover entdeckte zahlreiche Beweise dafür, dass einst Wasser auf dem Roten Planeten geflossen war. Spirit starb im März 2010 in einer Sanddüne. Opportunity arbeitete aber fast ein weiteres Jahrzehnt weiter. Während eines Sandsturms im Sommer 2018 verstummte aber auch dieser Rover, und die NASA erklärte die Mission Anfang 2019 für beendet.

Die Rover waren entwickelt worden, um die Oberfläche des Mars für mindestens 90 Marstage oder „Sols" zu erkunden. Stattdessen funktionier-

te Spirit 2.200 Sols (2.266 Erdtage), und Opportunity war mehr als 14 Erdjahre – mehr als 5.000 Sols – im Einsatz. Spirit legte fast acht Kilometer zurück, und sein Rover-Bruder fuhr sogar über 45 Kilometer über die Marsoberfläche.

Curiosity

Als „Mars-Wissenschaftslabor" (Mars Science Laboratory) bezeichnet die NASA die fahrbare Robotersonde, die am 6. August 2012 im Gale-Krater auf dem Mars erfolgreich landete. Der auch Curiosity genannte Rover ist 2,9 Meter lang, 2,7 Meter breit und 2,2 Meter hoch. Mit einem Gewicht von 900 Kilogramm bringt er bedeutend mehr auf die Waage als die beiden Vorgänger.

Das Hauptziel der Mission auf dem Mars besteht darin festzustellen, ob es auf dem Mars jemals lebensfreundliche Bedingungen gegeben hatte. Zu diesem Zweck verfügt Curiosity über die fortschrittlichste Instrumentenkombination, die jemals auf diesen Planeten geschickt wurde. Der Rover kann Erde und Gesteine aufnehmen und deren Bildung, Struktur und chemische Zusammensetzung untersuchen, um nach den chemischen Bausteinen des Lebens (Kohlenstoff, Wasserstoff, Stickstoff, Sauerstoff, Phosphor und Schwefel) zu suchen.

Zwischen Mars und Jupiter

Der Asteroidengürtel

60

Giuseppe Piazzi (1746–1826) war ein Astronom, der die kleine Sternwarte der Stadt Palermo betreute. Unter anderem arbeitete er an einer Verbesserung der Sternkarten. Und so saß er in der Neujahrsnacht von 1800 auf 1801 – während andere beim Feiern waren – vor seinem Fernrohr und zeichnete einen Stern nach dem anderen auf, maß ihre Abstände und verglich seine Notizen mit den älteren Sternkarten. Dabei fiel ihm ein kleiner Himmelskörper auf, der den anderen Beobachtern entgangen sein musste. Als er in der folgenden Nacht seine Entdeckung noch einmal nachkontrollierte, zeigte es sich, dass der leuchtende Punkt seine Position verändert hatte. Zunächst hielt er das Objekt am Nachthimmel für einen Kometen. Piazzi teilte seine Beobachtung anderen Astronomen mit. Aber schlechtes Wetter verhinderte bald daraufhin, einen weiteren Blick auf den wandelnden Lichtpunkt zu werfen, und schließlich konnte man den vermeintlichen Kometen nicht mehr finden.

Der Astronom und Mathematiker Carl Friedrich Gauß (1777–1855) konnte aber anhand der wenigen Beobachtungen die Bahn des Himmelskörpers berechnen, und am 1. Januar 1802, ein Jahr nach der Entdeckung durch Piazzi, fand der Astronom Heinrich Wilhelm Olbers (1758–1840) das Objekt wieder. Es stellte sich heraus, dass es sich nicht um einen Kometen, sondern um einen neuen Planeten zwischen der Mars- und Jupiterbahn handelte. Er bekam den Namen Ceres. Heute ist Ceres in die Kategorie der Zwergplaneten eingereiht.

Eine Flut von Entdeckungen

Dass man in diesem Bereich des Sonnensystems einen Planeten entdecken würde, kam nicht völlig überraschend. Schon Johannes Kepler war die große Lücke zwischen den Bahnen des Mars und des Jupiter aufgefallen, und nicht wenige Astronomen hatten vermutet, dass sich irgendwo in diesem Bereich noch ein Planet um die Sonne bewegen müsste. Wie sich bald herausstellte, zogen zwischen Mars und Jupiter noch mehr Himmelskörper ihre Bahnen. 1802 entdeckte Olbers einen kleinen planetenartigen Körper, der den Namen „Pallas" bekam, und 1807 fand er ein Objekt, das von Gauß den Namen „Vesta" erhielt. Karl Ludwig Harding stieß 1804 auf „Juno". Die Zahl der bekannten Objekte zwischen Mars

Der Asteroid Ida wurde 1884 von dem Astronomen Johann Palisa entdeckt.
Der unregelmäßig geformte Körper ist ungefähr 60 Kilometer lang. Bild: NASA/JPL

und Jupiter wuchs ständig. Heute sind über 650.000 bekannt. Dass es sich dabei wegen ihrer geringen Größe nicht um Planeten im herkömmlichen Sinn handelte, wurde auch bald offensichtlich. Man gab ihnen deswegen die Bezeichnung Asteroid oder Planetoid.

Es stellte sich die Frage, warum sich an dieser Stelle des Sonnensystems ein solcher Asteroidengürtel anstelle eines richtigen Planeten befand. Waren die Asteroiden Überreste eines früheren Planeten, der durch eine Kollision oder durch die Gravitation eines anderen Körpers zerrissen worden war (oder wie manche Science-Fiction-Autoren spekulierten: zerstört wurde)? Hatte Jupiter die Entstehung eines Planeten an dieser Stelle verhindert? Astronomen gehen heute davon aus, dass die Asteroiden Überbleibsel aus der Entstehung des Sonnensystems sind und dass sie im Laufe der Zeit in die Lücke zwischen den inneren Gesteinsplaneten, wie Erde und Mars, und den äußeren Gasplaneten, wie Jupiter und Saturn, migrierten.

Außerhalb des Asteroidengürtels, der auch als Hauptgürtel bezeichnet wird, wurden im Laufe der Zeit ebenfalls Asteroiden entdeckt, allerdings in bedeutend geringerer Zahl. Einige dieser Kleinkörper können sich zeitweise innerhalb der Marsumlaufbahn befinden und sogar die Bahn der Erde kreuzen.

Kurs auf Kleinplaneten

NEAR und Dawn

61

NEAR (Near Earth Asteroid Rendezvous) war die erste Sonde, die speziell für die Erforschung eines Asteroiden gestartet wurde. Beim Ziel handelte es sich um den Kleinplaneten Eros, der jedoch kein Mitglied des Asteroidengürtels ist, sondern zu den erdnahen Asteroiden zählt. Seine Umlaufbahn liegt teilweise innerhalb der Marsbahn und kommt der Erdbahn nahe. Die Sonde startete am 17. Februar 1996 auf einer Delta-II-Rakete, flog an dem Asteroiden Mathilde im Hauptgürtel vorbei und begegnete am 23. Dezember 1998 zum ersten Mal Eros. Nach mehreren Berichtigungen der Flugroute schwenkte NEAR am 14. Februar 2000 in eine Umlaufbahn um den Asteroiden ein. Einen Monat später wurde die Sonde zu Ehren des angesehenen Geologen Eugene Shoemaker (1928-1997) in „NEAR Shoemaker" umbenannt. Am 28. Februar 2001 ging NEAR auf Eros nieder – die erste Landung einer Sonde auf einem Asteroiden. Allerdings brach schon bald die Verbindung mit der Sonde ab.

Ceres, Vesta und Erde im Vergleich

	Ceres	Vesta	Erde
Durchmesser am Äquator	964 km	525,4 km (durchschnittlicher Durchmesser)	12.756,32 km
Umfang am Äquator	ca. 3.027 km	ca. 1.650 km (durch-schnittlicher Umfang)	40.075 km
Mittlere Dichte	2,16 g/cm³	3,456 g/cm³	5,513 g/cm³
Masse (Erde = 1)	0,00015	ca. 0,000042	1
Gravitation an der Oberfläche	0,29 m/s²	0,25 m/s²	9,80665 m/s²
Mittlerer Abstand von der Sonne	413,94 Millionen km (2,767 AE)	353,3 Millionen Kilometer (2,3618 AE)	149.598.262 km (1 AE)
Umlaufzeit (siderisch)	686,98 Erdtage	1.325,75 Erdtage	365,256 Erdtage
Anzahl der Monde	0	0	1

Die Sonde Dawn erforschte die beiden größten Objekte des Asteroidengürtels, Ceres und Vesta, und lieferte Daten über die Beschaffenheit der beiden Protoplaneten. Bild: NASA

Die Sonde Dawn

Am 27. September 2007 startete die Sonde Dawn, mit der man die Erforschung der kleinen Körper des Sonnensystems vorantreiben wollte. Das Ziel waren diesmal die Kleinplaneten Ceres und Vesta im Asteroidengürtel. Beide Körper werden auch als Protoplaneten gesehen, das heißt, sie stellen eine Vorstufe bei der Entwicklung zu Planeten dar. Durch ihre Erforschung des großen Asteroiden Vesta und der als Zwergplaneten eingestuften Ceres wollte man Erkenntnisse über die Prozesse und Bedingungen einer frühen Epoche des Sonnensystems gewinnen. Während Vesta Ähnlichkeiten mit den Gesteinsplaneten des inneren Sonnensystems hat, weißt Ceres mehr Gemeinsamkeiten mit den großen Eismonden der äußeren Planeten auf.

Dawn begann im Mai 2011 die ersten Bilder von Vesta zu liefern und schwenkte Mitte Juli in einen Orbit um den Asteroiden ein. Der Abstand zur Oberfläche wurde im Laufe der Mission auf bis zu 680 Kilometer verringert. Die von der Sonde gelieferten Aufnahmen ermöglichten die Erstellung topografischer und geologischer Karten. Außerdem lieferten die wissenschaftlichen Geräte Daten über das Gravitationsfeld und die Zusammensetzung der Oberfläche. Anfang September 2012 schloss Dawn die Vesta-Mission ab und nahm Kurs auf Ceres, die sie im März 2015 erreichte.

Auch bei Ceres trat die Sonde in einen nach und nach immer enger verlaufenden Orbit. Die systematische Kartografierung der Oberfläche stand ebenfalls im Mittelpunkt. Die Mission endete am 1. November 2018, nachdem die letzten Treibstoffreserven aufgebraucht waren.

Japans Wanderfalken

Hayabusa

62

Der Flug, zu dem die Sonde Hayabusa (Wanderfalke) am 9. Mai 2003 auf einer japanischen Trägerrakete aufbrach, war eine historische Mission. Die japanische Raumfahrtagentur JAXA hatte als Ziel den erdnahen Asteroiden Itokawa gewählt. Die Robotersonde erreichte Anfang September 2005 den Asteroiden und nahm die ersten Bilder auf. Zu den wichtigsten Zielen der Mission gehörte die Entnahme von Proben aus der Oberfläche. Zu diesem Zweck vollführte die Sonde am 25. November 2005 eine kurze Landung und berührte mit einer trichterförmigen Öffnung den Boden. Dabei wurde ein kleines Geschoss in die Oberfläche gefeuert, wodurch ein Teil des aufgewirbelten Materials in einen Probenbehälter gelangte.

Am 25. April 2007 trat Hayabusa den Rückweg zur Erde an. Am 13. Juni 2010 erfolgten die planmäßige Abtrennung der Kapsel mit der Materialprobe von der Sonde und der Wiedereintritt in die Erdatmosphäre. Während die Sonde verglühte, konnte die Kapsel in Australien gefunden werden. Zum ersten Mal stand eine Materialprobe zur Verfügung, die der Oberfläche eines Asteroiden entnommen worden war.

Itokawa

umkreist die Sonne in etwa eineinhalb Jahren. Der größte Durchmesser des länglichen Objekts beträgt ungefähr einen halben Kilometer, der kleinste Durchmesser liegt bei etwas über 200 Metern.

Ryugu

gehört ebenso wie Itokawa zum Apollo-Typ der erdnahen Asteroiden. Er wurde erst 1999 im Rahmen eines Projekts entdeckt, das nach erdnahen und möglicherweise gefährlichen Asteroiden suchte. Der größte Abstand seiner Bahn zur Sonne beträgt 1,42 AE. Er kommt der Sonne auf bis zu 0,96 AE nahe. Ryugu umkreist die Sonne in 473,87 Tagen. Der mittlere Durchmesser beträgt 0,9 Kilometer. Wie Itokawa gilt auch Ryugu als kosmischer „Schutthaufen", das heißt, er ist eine lose Ansammlung von Geröllbrocken, die durch eine schwache Gravitation zusammengehalten werden. Ein fester Kern ist nicht vorhanden.

Diese künstlerische Darstellung zeigt, wie Hayabusa 2 auf dem Asteroiden Ryugu niedergeht, um einem Krater eine Bodenprobe zu entnehmen. **Bild: JAXA**

Der zweite Wanderfalke

Am 3. Dezember 2014 startete die Sonde Hayabusa 2, die ebenfalls einen erdnahen Asteroiden, nämlich Ryugu, anfliegen, mehrere Rover absetzen und Bodenproben zurückbringen sollte. Die Ankunft am Ziel erfolgte im Juni 2018. Am 22. September setzte die Sonde erfolgreich zwei Rover mit der Bezeichnung Minerva II ab.

Hayabusa 2 setzte am 3. Oktober 2018 einen weiteren Lander ab, nämlich MASCOT (Mobile Asteroid Surface Scout), ein mobiles Messlabor in Schuhkartongröße, das vom Deutschen Zentrum für Luft- und Raumfahrt (DLR) in Zusammenarbeit mit der französischen Raumfahrtagentur CNES und der japanischen Raumfahrtagentur JAXA entwickelt worden war.

Ein weiteres Ziel bei dieser Mission ist die Entnahme von Bodenproben. Zunächst wurden Teilchen von der Oberfläche eingesammelt. Um eine Probe aus einer tieferen Schicht zu bekommen, schoss die Sonde ein Projektil ab, das einen Krater erzeugte. Im Juli 2019 setzte Hayabusa 2 erneut auf, um aus dem Krater Material zu entnehmen.

Besuch bei Bennu

OSIRIS-REx

63

2003 rief die NASA das New-Frontiers-Programm ins Leben. Es umfasst Missionen der Mittelklasse, die sich mit spezifischen Zielen zur Erforschung des Sonnensystems befassen und im Konsens der Wissenschaft als vorrangig eingestuft werden. Die erste Mission im Rahmen dieses Programms war New Horizons, mit der das Wissen über Pluto und andere Kuipergürtelobjekte erweitert werden soll. Als zweite Mission startete Juno, die der Erforschung Jupiters dient. OSIRIS-REx ist die dritte Mission des Programms. Das Ziel liegt diesmal näher bei der Erde, beim Asteroiden Bennu.

Missionsverlauf

Bennu gehört zu den erdnahen Asteroiden des Apollo-Typs. Die Sonde OSIRIS-REx startete am 8. September 2016 und begann Ende Dezember 2018 den nur etwa einen halben Kilometer großen Asteroiden zu umkreisen und zu kartographieren. Diese Karten werden verwendet, um eine Stelle für eine Materialentnahme auszuwählen. Dazu wird sich die Sonde der Oberfläche bis auf wenige Meter nähern, einen Roboterarm ausfahren und von dem Regolith, dem feinen Oberflächenmaterial, eine Probe aufnehmen. Während die Sonde im Sonnenorbit verbleiben wird, soll die Probe in einer Rückkehrkapsel zur Erde geschickt werden.

Die Sonde OSIRIS-REx soll Material von der Oberfläche des Asteroiden Bennu entnehmen. Für diese Aufgabe steht die Abkürzung „REx" (Regolith Explorer) im Namen der Mission. **Bild: NASA/Goddard/ University of Arizona**

Potenziell gefährlich

64

Einschlagrisiko

Als „potenziell gefährliche Objekte", auf Englisch „potentially hazardous objects" (PHO), werden Asteroiden und Kometen bezeichnet, die der Erde nahekommen können und die groß genug sind, um bei einem eventuellen Einschlag einen signifikanten Schaden anzurichten. Sowohl erdgebundene Observatorien als auch Weltraumteleskope suchen deswegen seit den 1990er-Jahren nach erdnahen Objekten, die in der Zukunft mit der Erde kollidieren können. Eines dieser frühen Projekte hieß LINEAR (Lincoln Near Earth Asteroid Research). Es wurde von der amerikanischen Luftwaffe und der NASA seit Mitte der 1990er-Jahre durchgeführt. Das LINEAR-Observatorium entdeckte über 230.000 Kleinkörper. Die bedeutendsten bodengebundenen Projekte, die heute nach erdnahen Objekten suchen, sind das „Catalina Sky Survey" (CSS), das mit dem Steward Observatory an der Universität von Arizona zusammenarbeitet, und Pan-STARRS, ein Teleskopen-System in einer Sternwarte auf Hawaii. Von der Erdumlaufbahn aus sucht das Weltraumteleskop NEOWISE seit 2013 nach erdnahen Objekten.

Von 2010 bis 2011 suchte das Weltraumteleskop WISE (Wide-field Infrared Survey Explorer) nach Asteroiden, Kometen, Sternen und Galaxien. **Bild:** NASA/JPL-Caltech

Wussten Sie schon?

Als Apollo-Typ werden erdnahe Asteroiden mit einem Aphel (größter Abstand der Bahn zur Sonne) von mehr als einer Astronomischen Einheit (AE) und einem Perihel (geringster Sonnenabstand der Bahn) von kleiner als 1,017 AE bezeichnet. Dazu gehören die Asteroiden Apollo, Itokawa, Ryugu und Bennu. 1.648 der Apollo-Asteroiden gelten als potenziell gefährlich.

Besucher von weit draußen

Die Kometen

65

Kometen gehören wie Planeten, Asteroiden und Monde zu unserem Sonnensystem. In früheren Zeiten konnte man über diese seltsam erscheinenden Objekte nur rätseln. Anders als die Sterne und Planeten folgten sie keiner regelmäßigen Bahn am Firmament, sondern tauchten nur selten auf und zeichneten sich durch einen Schweif aus. Aristoteles und Ptolemäus hielten sie für Ausdünstungen der Erde, die sich in der oberen Atmosphäre entzündeten. Diese Ansicht hielt sich bis in die frühe Neuzeit, obwohl es auch andere Meinungen gab. Der römische Gelehrte Seneca bemerkte, dass die Bahnen der Schweifsterne nicht vom Wind beeinflusst wurden und sie deshalb unabhängige Himmelskörper sein mussten. Den endgültigen Beweis, dass diese Erscheinungen nicht in der Erdatmosphäre stattfanden, lieferte der Astronom Tycho Brahe (1546–1601) anhand des Großen Kometen von 1577. Durch Berechnungen der Parallaxe des Kometen stellte er fest, dass das Gestirn mit dem feurigen Schweif zwischen der Mond- und Venusbahn entstanden sein musste.

In der fernen Vergangenheit waren die Menschen von Kometen nicht nur beeindruckt, sie waren auch beunruhigt. Die „langhaarigen" Sterne, die unangemeldet und unvorhersehbar am Himmel auftauchten, konnten nichts Gutes bedeuten. 1618 erschien ein Komet, der mit bloßem Auge leicht zu erkennen war. Später interpretierte man die Erscheinung als ein Vorzeichen für den im gleichen Jahr ausgebrochenen Dreißigjährigen Krieg und das ganze Unheil, das die Auseinandersetzung mit sich brachte. Friedrich Schiller spielte darauf in seinem Drama „Wallenstein" an:

„Es ist eine Zeit der Tränen und Not,
Am Himmel geschehen Zeichen und Wunder,
Und aus den Wolken, blutigrot,
Hängt der Herrgott den Kriegsmantel runter.
Den Kometen steckt er wie eine Rute
Drohend am Himmelsfenster aus,
Die ganze Welt ist ein Klagehaus ..." [11]

Der Theologe und Astronom Georg Samuel Dörffel (1643–1688) machte eine weitere Entdeckung, die zum Verständnis der Schweifsterne

11 Friedrich Schiller: Wallenstein, Wallensteins Lager, 8. Auftritt

Alter Holzschnitt aus Nürnberg: Der Komet von 1531 sorgte für Aufregung. Heute ist klar, dass es sich um den Halleyschen Kometen handelte. **Bild: Sammlung A. Mößmer**

beitrug. Er berechnete die Bahn des Kometen von 1680 und fand heraus, dass es sich dabei um eine Parabel mit der Sonne als Brennpunkt handelte. 1682 tauchte wieder ein Komet auf. Diesmal berechnete der Astronom Edmund Halley (1656–1742) die Bahn, und er stellte zu seinem Erstaunen fest, dass bereits die Kometen von 1531 und 1607 auf der gleichen Bahn aufgetaucht waren. Nach seiner Schlussfolgerung handelte es sich jedes Mal um den gleichen Körper, der etwa alle 75 Jahre um die Sonne kreiste und 1758 wieder auftauchen müsste. Halleys Vorhersage bestätigte sich.

Boten der Urzeit

Heute wissen wir, dass Kometen Überbleibsel aus den Anfängen des Sonnensystems vor etwa 4,6 Milliarden Jahren sind, größtenteils aus Eis bestehen und mit dunklem organischem Material beschichtet sind, weswegen sie oft als „schmutzige Schneebälle" bezeichnet werden. Der Astronom Gerard Kuiper formulierte 1951 die Hypothese, dass jenseits des Neptun ein scheibenförmiger Gürtel aus eisigen Körpern existieren müsse (heute als Kuipergürtel bekannt), und dass von diesen Objekten manchmal welche durch die Gravitation anderer Körper in Umlaufbahnen gerieten, die sie näher an die Sonne führten. Dabei handelte es sich um die sogenannten kurzperiodischen Kometen, die in weniger als 200 Jahren um die Sonne kreisen. Bis zu 30 Millionen Jahre können dagegen die langperiodischen Kometen benötigen, um einen Umlauf zu vollenden. Als ihre Herkunft wird die in den entferntesten Außenbereichen des Sonnensystems liegende Oortsche Wolke vermutet. Heute sind über 3.500 Kometen bekannt.

Jagd nach dem Kometen

Halleys Wiederkehr

66

Edmund Halley hatte berechnet, dass der Komet, den er 1682 beobachtet hatte, etwa alle 75 Jahre im inneren Sonnensystem auftauchen würde. Spätere Beobachtungen bestätigten seine Berechnung. Er erschien 1758, 1835 und 1910. Es waren nicht immer genau 75 Jahre, die der Komet, der nach Halley benannt worden war, für seinen Rundflug brauchte, da seine Bahn wahrscheinlich durch andere Körper des Sonnensystems beeinflusst wurde. 1986 sollte der Halleysche Komet wiederauftauchen. So hatten es die Astronomen vorausberechnet, und diesmal standen die Raumfahrtorganisationen bereit, um sich den Körper aus den Außenbezirken des Sonnensystems genauer anzuschauen.

Eine Flottille von Sonden

Am 15. und 21. Dezember 1984 startete die Sowjetunion zwei Vega-Sonden, die zunächst der Erforschung der Venus dienten. Nachdem sie auf dem stürmischen Planeten ihre Landesonden und Ballone abgesetzt hatten, machten sie sich auf den Weg zu einem Rendezvous mit Halleys Kometen, dem sich Vega 1 am 6. März 1986 bis zu 8.890 Kilometer und Vega 2 drei Tage später bis zu 8.020 Kilometer näherte.

Von Japan aus starteten ebenfalls zwei Sonden. „Sakigake" („Vorbote") hieß der 140 Kilogramm schwere Raumflugkörper, der am 8. Januar 1985

Der Schweif

Was Kometen früheren Beobachtern des Nachthimmels als so außergewöhnlich erscheinen ließ, war ihr Schweif. Möglicherweise handelte es sich dabei um giftige Gase, so befürchteten manche, die in die Erdatmosphäre eindringen konnten. Heute wissen wir, dass die Materie in einem Kometenschweif extrem dünn ist. Selbst wenn die Erde einen Schweif kreuzte, würden nicht viele Moleküle in die Atmosphäre gelangen. Man weiß heute auch, dass der Schweif immer von der Sonne abgewandt ist. Wenn sich ein Komet dem inneren Sonnensystem nähert, bewirkt die Sonnenstrahlung, dass die flüchtigen Stoffe im Kometen verdampfen, aus dem Kern strömen und Staub mit sich tragen.

von einer japanischen Rakete ins All getragen wurde. Die Sonde kam jedoch nicht näher als sieben Millionen Kilometer an den Kometen heran. Die zweite Sonde, die von Japan aus Richtung Halley startete, hieß „Suisei" („Komet"). Sie war baugleich mit Sakigake, aber mit anderen Instrumenten – einer UV-Kamera und einem Sonnenwinddetektor – ausgestattet. Der Start erfolgte am 18. August 1985. Die UV-Aufnahmen begannen im November 1985. Am 8. März 1986 näherte sich die Sonde dem Kometen auf 115.000 Kilometer.

Wissenschaftlich bedeutsamer war die ESA-Sonde Giotto, die am 2. Juli 1985 auf einer Ariane-Rakete startete und dem Kometen am 13. März 1986 bis zu 596 Kilometer nahekam. Giotto machte dabei Aufnahmen vom Kern und konnte wertvolle Daten liefern. Auf der Sonde auftreffende Teilchen ließen sie ins Schlingern geraten. Sie konnte jedoch wieder stabilisiert werden und 1992 für den Flug zum Kometen Grigg-Skjellerup eingesetzt werden.

Die NASA hatte keine Sonde speziell für ein Rendezvous mit dem Halleyschen Kometen gestartet. Die amerikanische Raumfahrtorganisation hatte jedoch seit 1978 die Sonde ISEE-3 (International Sun-Earth Explorer 3) in einer Umlaufbahn um die Sonne. Sie sollte die Interaktion zwischen dem Magnetfeld der Erde und dem Sonnenwind erforschen. 1982 wurde sie in „International Cometary Explorer" (ICE) umbenannt und auf Kurs zum Kometen Giacobini-Zinner geschickt, bei dem sie im September 1985 eintraf. Sie war die erste Sonde, die durch den Schweif eines Kometen flog. Im März 1986 befand sie sich zwischen der Sonne und dem Halleyschen Kometen. Sie konnte dabei den Sonnenwind messen, der auf den Kometen traf.

Sternenstaub

Direktkontakt mit Kometen

67

Unter den Sonden, die sich 1986 dem Halleyschen Kometen genähert hatten, war zwar kein Raumfahrzeug der NASA gewesen, die amerikanische Raumfahrtagentur startete jedoch in der Folgezeit mehrere wichtige Missionen für die Kometenforschung. „Deep Space 1" hieß eine Sonde, die 1998 auf einer Delta II von Cape Canaveral startete, an einem Asteroiden namens „Braille" vorbeiflog und Kurs auf den Kometen Borrelly nahm. Der Komet war 1904 von dem Astronomen Alphonse Borrelly (1842–1926) entdeckt worden. Deep Space 1 gelang 2001 ein Vorbeiflug an dem kegelförmigen Kometenkern. Bei den Bildern, die Deep Space 1 zur Erde funkte, handelte es sich um die besten Fotos, die bis dahin von einem Kometenkern geschossen wurden.

„Stardust" hieß eine Raumsonde, die von der NASA 1999 auf den Weg zu einem Rendezvous mit dem Kometen Wild 2 geschickt wurde. Der Name Stardust (Sternenstaub) war Programm, denn die Sonde sollte erstmals Kometenteilchen zur Erde zurückbringen. Die Sonde flog am 2. November 2002 zunächst in einer Entfernung von etwas über 3.000 Kilometern an dem Asteroiden Annefrank vorbei und begegnete am 2. Januar 2004 dem Kometen Wild 2. Während des Vorbeiflugs fuhr Stardust einen Staubkollektor aus und nahm Teilchen aus der Koma des Kometen auf. Die Teilchen gelangten in einer Rückkehrkapsel zur Erde.

Rosetta

Eine der komplexesten und ehrgeizigsten Missionen der Weltraumforschung wurde am 2. März 2004 von der ESA gestartet. Das Ziel der Sonde Rosetta, zu der auch die NASA Instrumente beigesteuert hatte, war der nur etwa vier Kilometer große Komet Tschurjumow-Gerassimen-

Koma

Wenn sich ein Komet der Sonne nähert, bildet er aufgrund der Erwärmung nicht nur einen Schweif. An einigen brüchigen Stellen beginnen flüchtige Substanzen zu entweichen, die den Kern wie eine nebelartige Schale umgeben. Der Komet erscheint deswegen im Teleskop unscharf. Man nennt diese Hülle „Koma". Dieser Begriff ist auch der Ursprung des Wortes „Komet".

Die Rosetta-Mission war eines der großen historischen Ereignisse der Raumfahrt. Diese künstlerische Darstellung zeigt links unten den Lander Philae und rechts oben die Sonde Rosetta. **Bild: ESA – J. Huart**

ko. Die Sonde sollte an das 135.000 km/h schnelle Objekt in einem gewagten Manöver nicht nur heranfliegen, sondern auch einen Lander mit dem Namen „Philae" absetzen.

Um die nötige Geschwindigkeit zu erreichen, vollführte die Sonde einige komplizierte Manöver. Sie flog einmal am Mars und zweimal an der Erde vorbei, um mit Hilfe der Gravitation dieser Planeten schneller zu werden. Außerdem hatte Rosetta Begegnungen mit zwei Asteroiden. Nach einer über zehnjährigen Reise durch das innere Sonnensystem erfolgte im August 2014 schließlich die Ankunft beim Kometen Tschurjumow-Gerassimenko.

Philae trennte sich von Rosetta am 12. November 2014 und näherte sich langsam dem Kometen. Beim Auftreffen auf der Oberfläche prallte er jedoch wegen der geringen Gravitation zweimal zurück. Zwar hätten sich zwei Harpunen in den Untergrund bohren sollen, um den Lander auf der Oberfläche zu verankern. Wie sich herausstellte, war die Automatik jedoch nicht ausgelöst worden. Ein weiteres Problem zeigte sich kurze Zeit später: Philae hatte an einer Stelle aufgesetzt, bei der keine Sonnenstrahlen an die Solarzellen gelangten. Sobald die Batterien leer waren, musste deshalb auch der Lander seine Tätigkeit einstellen. Die Rosetta-Mission endete am 29. September 2016 mit einem kontrollierten Niedergang auf dem Kometen.

Gefahr aus dem All

Asteroiden, Meteoroiden und Meteore

68

Was geschehen kann, wenn ein Meteor über besiedeltem Gebiet niedergeht, mussten 2013 die Bewohner der russischen Region Tscheljabinsk erfahren. Die Explosion eines etwa 16.000 Tonnen schweren Gesteinsbrockens aus dem All verletzte ungefähr 1.500 Menschen und beschädigte rund 7.000 Gebäude. Während dieses Ereignis nur lokale Schäden verursachte, kann der Einschlag eines Asteroiden mit einer entsprechenden Größe zum Massensterben führen. Als vor 66 Millionen Jahren am nördlichen Rand der mexikanischen Yukatán-Halbinsel ein Asteroid oder Komet einschlug, hatte dies eine verheerende Wirkung auf die ganze Welt und führte zum Aussterben der Dinosaurier.

Täglich fallen 80 bis 100 Tonnen kosmisches Material auf die Erde, zumeist Staub und kleine Meteoroiden. Der größte Teil davon verglüht in der Atmosphäre. Forscher schätzen, dass jedes Jahr ungefähr 5.800 dieser Objekte als Meteoriten mit einem Gewicht von mehr als 100 Gramm auf dem Boden ankommen. Pro Jahr wird dabei im Durchschnitt ein Hausdach beschädigt, und ungefähr alle neun Jahre kommt ein Mensch ums Leben. Asteroiden mit einem Durchmesser von einem Kilometer treffen die Erde dagegen nur alle 500.000 Jahre; fünf Kilometer große Objekte kollidieren mit unserem Planeten im Durchschnitt alle 20 Millionen Jahre. Die großen Körper können Städte zerstören, Regionen verwüsten oder zu einem Teil das Leben auslöschen.

Wussten Sie schon?

Asteroiden sind Felsbrocken, die um die Sonne kreisen. Als „Meteoroiden" werden dagegen Körper bezeichnet, die zwar größer als interplanetarer Staub, aber kleiner als Asteroiden sind. Ihre Größe kann von Bruchteilen eines Millimeters bis zu mehreren Metern reichen. Wenn ein Meteoroid in die Atmosphäre eindringt, wird die dabei entstehende Leuchterscheinung als „Meteor" bezeichnet. Kleine glühende Objekte dieser Art nennt man „Sternschnuppe", größere fallen in die Kategorie der „Boliden". Ein „Meteorit" ist eines dieser Geschosse aus dem All, das nicht vollständig verglüht ist und den Boden erreicht hat.

Vor etwa 50.000 Jahren schlug ein Meteorit in dem Gebiet des heutigen US-Bundesstaats Arizona ein und schuf den Barringer-Krater, auch „Meteor Crater" genannt.
Bild: NASA

Eine Auswahl bekannter Meteoriteneinschläge

Ort des Ereignisses	Datum	Meteoriten-durchmesser
Vredefort, Südafrika	Vor ca. 2 Milliarden Jahren	5–10 km
Sudbury-Becken, Ontario, Canada	Vor ca. 1,8 Milliarden Jahren	5–15 km
Acraman, Südaustralien	Vor ca. 590 Millionen Jahren	25–90 km
Woodleigh, Westaustralien	Vor ca. 364 Millionen Jahren	Kleiner als 10 km
Lac Manicouagan, Quebec, Kanada	Vor ca. 215 Millionen Jahren	Ca. 5 km
Morokweng, Nordwest-Provinz, Südafrika	Vor ca. 145 Millionen Jahren	5–10 km
Chicxulub, Yucatán, Mexiko	Vor ca. 66 Millionen Jahren	10–15 km
Popigai-Krater, Autonomer Kreis Taimyr (nördliches Sibirien), Russland	Vor ca. 35 Millionen Jahren	5–8 km
Nördlinger Ries, Süddeutschland	Vor ca. 15 Millionen Jahren	ca. 1,5 km
Barringer-Krater (Meteor Crater), Arizona, USA	Vor ca. 50.000 Jahren	45–50 m
Tunguska-Ereignis, Region Krasnojarsk, Russland	30. Juni 1908	30–80 m
Tscheljabinsk, Oblast Tscheljabinsk, Russland	15. Februar 2013	ca. 20 m
Beringsee, zwischen Russland und Alaska	18. Dezember 2018	ca. 10 m

Planetenverteidigung

Mission zum Zwillingsasteroiden

69

Nach Meinung mancher Experten ist die Erde eines der Ziele in einer „kosmischen Schießbude". Die Geschosse sind Asteroiden, Meteoroiden und Kometen. Um rechtzeitig vorgewarnt zu werden und möglicherweise Abwehrmaßnahmen gegen eines der kosmischen Projektile einleiten zu können, gründete die Europäische Union 2012 die Initiative NEOShield sowie 2015 das Nachfolgeprojekt NEOShield-2. Zu den Zielen von NEOShield-2 gehören die Erweiterung des Wissens über gefährliche Objekte, über ihre physikalischen Eigenschaften sowie die Möglichkeiten einer Abwehr.

Von der amerikanischen Raumfahrtbehörde NASA wurde 2016 das „Planetary Defense Coordination Office" (PDCO) eingerichtet. Dabei handelt es sich um eine Koordinierungsstelle, die sich um die Früherkennung potenziell gefährlicher Objekte (PHO) kümmert. Dazu gehören die Beobachtung und eine eventuelle Warnung vor diesen PHO sowie eine mögliche Reaktion auf die Gefahr.

Projekte und Einrichtungen, die sich mit den Gefahren erdnaher Objekte befassen, gibt es mittlerweile in großer Zahl, von UNOOSA (United Nations Office for Outer Space Affairs), dem IAWN (International Asteroid Warning Network) bis zum deutschen Weltraumlagezentrum und der Sentinel-Mission der B612 Foundation. Falls jedoch ein Asteroid oder Komet mit Kurs auf die Erde entdeckt wird, stellt sich die Frage, wie man die Gefahr abwehren kann. In den Filmen „Deep Impact" und „Armageddon" werden jeweils Raumschiffe zu den bedrohlichen Objekten geschickt, um sie mit Atombomben in die Luft zu sprengen. Manche Experten halten diese Vorgehensweise für keine gute Idee. Ein Objekt, das in mehrere

Didymos

wurde 1996 im Rahmen des Spacewatch-Programms der University of Arizona entdeckt. Er gehört zu den erdnahen Objekten und hat nur einen Durchmesser von etwas über 800 Metern. Seinen Namen „Didymos", griechisch für „Zwilling", erhielt er, weil man 2003 einen ungefähr 170 Meter messenden Begleiter entdeckte. Dieser kleine Trabant umkreist den größeren Asteroiden in einem Abstand von ungefähr 1,1 Kilometern.

Mit der DART-Mission soll zum ersten Mal die Bahn eines Asteroiden verändert werden. Die daraus gewonnenen Erfahrungen können im Ernstfall enorm wichtig sein.
Bild: NASA/JHUAPL

Teile gespalten wurde, könnte einen größeren Schaden anrichten als ein einziges größeres. Andere schlagen deshalb eine Reihe von Explosionen auf der Oberfläche vor, wodurch das gefährliche kosmische Geschoss aus seinem Kurs gebracht werden könnte. Wiederum andere sind für ein weniger martialisches Vorgehen, nämlich mit Hilfe einer Sonde den Körper aus seiner Bahn zu drücken. Das alles sind jedoch noch Gedankenspiele. Angesichts der Tatsache, dass ein Raumschiff oder eine Sonde sehr lange braucht, um zu einem Asteroiden oder Kometen zu gelangen, und dass dabei komplizierte Manöver notwendig sind, ist eine effektive Planetenverteidigung heute noch Zukunftsmusik.

DART

Einen ersten Versuch, den Kurs eines Asteroiden zu beeinflussen, möchte die NASA mit der Mission „Double Asteroid Redirection Test" (Doppel-Asteroiden-Umleitungstest"), kurz DART, unternehmen. Dabei soll die Möglichkeit erprobt werden, einen Asteroiden durch den Einschlag eines Objekts abzulenken. Das Ziel ist der Asteroid „Didymos", genauer: der kleine Begleiter dieses erdnahen Objekts. Die Missionsplaner wählten den kleinen Partner des „Doppelasteroiden", weil er hinsichtlich seiner Größe den meisten Objekten ähnelt, die mit einer relativ hohen Wahrscheinlichkeit auf der Erde einschlagen und einen signifikanten Schaden anrichten können.

Wenn alles planmäßig verläuft, wird die DART-Sonde 2021 auf einer Falcon 9 von SpaceX starten und im späten September 2022 das Ziel erreichen. Die Kollision wird von der Erde aus mit Hilfe von Teleskopen verfolgt werden. Es ist geplant, dass die ESA eine Sonde zu dem Asteroiden schickt, um die Auswirkung des Aufpralls zu bewerten.

Gigant unter den Planeten

Jupiter

70

Jupiter ist der Gigant unter den Planeten des Sonnensystems. Er hat eine zweieinhalbmal größere Masse als die anderen sieben Planeten gemeinsam. Wie ein echter großer Bruder schützt er die kleine Schwester Erde, indem er Kometen und Asteroiden, die ins Innere des Sonnensystems rasen, auf sich zieht. Ohne Jupiter wäre auf der Erde wahrscheinlich nie das Leben in der Weise entstanden, wie es heute existiert.

Keine feste Oberfläche

Jupiter ist der fünfte Planet des Sonnensystems. Er unterscheidet sich nicht nur in Bezug auf seine Größe und Masse von den inneren Planeten, sondern auch hinsichtlich seines Aufbaus. Wie die Sonne besteht er hauptsächlich aus Wasserstoff. Das zweithäufigste Element ist Helium. In tieferen Schichten seiner Atmosphäre wird der Druck so groß, dass der gasförmige Wasserstoff zu einer Flüssigkeit gepresst wird. Jupiter besitzt deswegen wahrscheinlich den größten Ozean des Sonnensystems, der allerdings aus Wasserstoff anstatt aus Wasser besteht. Ungefähr auf dem halben

Jupiter und Erde im Vergleich

	Jupiter	Erde
Durchmesser am Äquator	142.984 km	12.756,32 km
Umfang am Äquator	439.263,8 km	40.075 km
Mittlere Dichte	1,326 g/cm³	5,513 g/cm³
Masse (Erde = 1)	317,8	1
Gravitation an der Oberfläche	24,79 m/s²	9,80665 m/s²
Atmosphäre (Hauptbestandteile)	ca. 89 % Wasserstoff, ca. 10 % Helium, ca. 0,3 % Methan, ca. 0,026 % Ammoniak	78 % Stickstoff, 20,95 % Sauerstoff
Mittlerer Abstand von der Sonne	778,55 Millionen km (5,2 AE)	149.598.262 km (1 AE)
Umlaufzeit (siderisch)	11 Jahre, 315 Tage	365,256 Tage
Anzahl der Monde	79	1

Dieses Bild des Jupiter wurde mit dem Hubble-Teleskop aufgenommen. Am Nordpol sind Polarlichter zu sehen. Auch der bekannte Rote Fleck ist deutlich zu erkennen. Bild: NASA, ESA, J. Nichols (University of Leicester)

Weg zum Mittelpunkt des Planeten wird der Druck vermutlich so groß, dass Elektronen von den Wasserstoffatomen gequetscht werden, wodurch die Flüssigkeit wie Metall elektrisch leitend wird. Dieser Umstand erzeugt gemeinsam mit der schnellen Rotation des Planeten – er dreht sich in zehn Stunden um die eigene Achse – das starke Magnetfeld. Jupiter hat wahrscheinlich keinen Kern aus festem Material. Man nimmt an, dass die Mitte des Riesen eine heiße, dicke Suppe aus Eisen- und Silikatmineralien ist. Die Temperatur im Inneren könnte 20.000 bis 50.000 Grad Celsius betragen.

Jupiter war bereits in der Antike als einer der Planeten bekannt. 1610 entdeckte Galileo Galilei vier seiner Monde: Io, Europa, Ganymed und Kallisto. Diese vier Trabanten werden deswegen auch als „Galileische Monde" bezeichnet. Mit einem Durchmesser von 5.268 Kilometern ist Ganymed sogar größer als der Merkur. Nach Galileo entdeckten Forscher noch weitere Monde. Die Anzahl der bekannten Jupiter-Trabanten liegt mittlerweile bei 79, von denen die meisten aber sehr klein sind. 1979 wurden auch Ringe aus kleinen dunklen Partikeln um dem Planeten entdeckt. Sie entstanden wahrscheinlich, als Meteoroiden mit Monden kollidierten.

Schon seit 1664 ist der ovale Große Rote Fleck auf dem Jupiter bekannt. Er ist so groß, dass die Erde zweimal darin Platz hätte. Mittlerweile weiß man, dass es sich dabei um einen gigantischen Wirbelsturm in der Atmosphäre handelt. Auch kleinere rote Flecken wurden inzwischen entdeckt.

Eine lange Reise

Die Voyager-Missionen

71

Am 20. August 1977 startete von Cape Canaveral in Florida eine Titan-Centaur-Rakete, die als Ladung eine Sonde mit der Bezeichnung Voyager 2 in den Weltraum trug. Am 5. September folgte ebenfalls auf einer Titan-Centaur die Zwillingssonde Voyager 1. Die Bezeichnung für die Sonden, Voyager (Seefahrer oder Reisender), war gut gewählt, denn die Raumfahrzeuge begaben sich auf eine lange Reise. Der Grund, warum sie gerade zu dieser Zeit ihre Fahrt antraten, war ein besonderes Ereignis. Etwa alle 175 Jahre nehmen die äußeren Planeten eine Position ein, die es einem Flugkörper ermöglicht, einen nach dem anderen anzusteuern und dabei die Gravitation der Planeten zu nutzen, um die Geschwindigkeit ohne die Verwendung eines Antriebssystems zu erhöhen. Die Sonden sollten in einen Bereich des Sonnensystems reisen, in den zuvor nur die Sonden Pioneer 10 und 11 vorgedrungen waren.

Jupiter und seine Monde

Voyager 1 war zwar etwas später gestartet als die Schwestersonde, hatte aber eine andere Flugbahn eingeschlagen und erreichte Jupiter am 5. März 1979. Der geringste Abstand zum Gasriesen betrug dabei 277.400 Kilometer. Mit einem Abstand von 650.180 Kilometern flog am 9. Juli 1979 auch Voyager 2 vorbei. Die Sonden machten gemeinsam über 33.000 Bilder von Jupiter und fünf seiner Monde. Sie entdeckten einen Ring aus Staub um den Planeten sowie drei neue Monde: Adrastea, Metis und Thebe. Auf dem Mond Io fanden sie neun aktive Vulkane, die Schwefel und Schwefeldioxid wegen der geringen Schwerkraft in eine Höhe von bis zu 300 Kilometern ausstoßen. Sie lieferten Bilder von der mit Rillen überzogenen Eishülle des Mondes Europa und konnten erstmals genauere Beobachtungen der großen Trabanten Ganymed und Kallisto übermitteln.

Saturn und seine Monde

Nach dem Besuch des Jupiter-Systems ging es weiter zum Saturn. Voyager 1 flog am 12. November 1980 in einem Abstand von 64.200 Kilometern an dem Ringplaneten vorbei, und die Schwestersonde folgte am 25. August 1981 mit einem Abstand zu Saturn von 41.000 Kilometern.

Die Voyager-Sonden erforschten alle Gasplaneten des Sonnensystems und 48 ihrer Monde sowie das einzigartige System von Ringen und Magnetfeldern dieser Planeten.
Bild: NASA/JPL-Caltech

In dem breiten B-Ring entdeckten die Sonden speichenartige Strukturen, die wahrscheinlich durch die elektromagnetische Aufladung der Staubpartikel entstehen. Es wurden auch zwei neue Lücken in den Ringen entdeckt. Beim Vorbeiflug an Titan fand man mehr über die Beschaffenheit der Atmosphäre des großen Mondes heraus. Auf dem Mond Enceladus konnten tektonische Aktivitäten festgestellt werden, und auf Mimas entdeckte Voyager 1 einen Krater, dessen Durchmesser etwa einem Drittel des Monddurchmessers entspricht.

Uranus und Neptun

Nach dem Vorbeiflug an Saturn und seinen Monden trennten sich die Wege der Zwillingssonden. Während Voyager 1 einen Kurs einschlug, der sie in den interstellaren Raum führen sollte, steuerte Voyager 2 den nächsten Planeten an: Uranus. Das Raumfahrzeug erreichte den siebten Planeten des Sonnensystems am 24. Januar 1986 und flog in einer Entfernung von 81.500 Kilometern daran vorbei. Die Sonde konnte die Monde wegen der starken Neigung ihrer Bahnen nicht einzelnen besuchen. Sie entdeckte aber zehn neue Trabanten des Uranus und schickte 6.000 Bilder zur Erde. Dazu gehörten Fotos von Miranda, des innersten der großen Monde, der sich wegen seiner zerklüfteten Oberfläche als einer der merkwürdigsten Körper des Sonnensystems erwies.

Als letztes Ziel erreichte Voyager 2 am 25. August 1989 Neptun. Neben dem Planeten mit seiner stürmischen Atmosphäre fotografierte die Sonde auch die Ringe des achten Planeten. Von großem Interesse war der Mond Triton, an den sich Voyager 2 bis auf eine Entfernung von 5.000 Kilometern näherte. Sie entdeckte dabei Geysire auf der Oberfläche und eine dünne Atmosphäre. Nebenbei fand die Sonde auch noch sechs neue Monde.

Reise zum Gasriesen

Die Galileo-Mission

72

Vier Sonden waren schon an Jupiter und seinen Monden vorbeigeflogen, nämlich Pioneer 10 und 11 sowie Voyager 1 und 2, aber kein Raumfahrzeug hatte sich längere Zeit im Jupiter-System aufgehalten. Dies sollte die Galileo-Mission, die nach dem Entdecker der vier großen Jupiter-Monde benannt war, nachholen und den Planeten länger als jemals zuvor erforschen. Zu diesem Zweck war die Sonde mit zehn wissenschaftlichen Instrumenten ausgestattet. Zusätzlich führte Galileo eine Tochtersonde mit, die in die Atmosphäre des Gasriesen absteigen und Daten über die Temperatur, Windgeschwindigkeit, den Druck und die chemische Zusammensetzung liefern sollte.

Die Galileo-Sonde startete am 18. Oktober 1989 vom Kennedy Space Center an Bord des Space Shuttles Atlantis. Noch am gleichen Tag wurde sie von der Besatzung in der niederen Erdumlaufbahn ausgesetzt. Eine IUS (Inertial Upper Stage) – ein zweistufiges Raketenmodul – verlieh der Sonde die nötige Schubkraft, um sie auf den Weg zu schicken.

Das Raumschiff schlug nicht den direkten Weg zum Jupiter ein, sondern unternahm zunächst einen Vorbeiflug an der Venus, der nicht nur der Beschleunigung diente, sondern vom Galileo-Team auch genutzt wurde, um die Instrumente der Sonde zu testen und die dicken, giftigen Wolken des Planeten zu untersuchen. Galileo kehrte auch noch einmal in die Nähe der Erde zurück, bevor sie den Weg Richtung Asteroidengürtel einschlug.

Am 29. Oktober 1991 flog Galileo mit einer Geschwindigkeit von acht Kilometern pro Sekunde an dem Asteroiden Gaspra vorbei und lieferte Bilder an die Missionszentrale. Der Weg führte sie anschließend erneut zurück zur Erde, wo sie mit einem Swing-by-Manöver am 8. Dezember 1992 eine noch höhere Geschwindigkeit erlangte. Bei einem weiteren Flug durch den Asteroidengürtel passierte sie am 28. August 1993 den Asteroiden Ida und entdeckte dabei einen kleinen Mond, der den Asteroiden umkreiste.

Ankunft im Jupiter-System

Während sich die Sonde noch auf dem Weg zum Jupiter befand, gelangen ihr Aufnahmen des Kometen Shoemaker-Levy 9, der in Einzelteile zerrissen in den Gasgiganten raste. Am 12. Juli 1995, als das Raumfahrzeug noch 82 Millionen Kilometer von Jupiter entfernt war, löste sich die Abstiegssonde von Galileo und schlug einen selbstständigen

In dieser künstlerischen Darstellung sieht man die Ankunft der Galileo-Sonde beim Planeten Jupiter. Links ist der Mond Io als kleine Sichel zu sehen.
Bild: NASA

Kurs auf den Riesenplaneten ein. Sie tauchte am 7. Dezember in die Atmosphäre und lieferte 58 Minuten lang wertvolle Daten. Der Funkkontakt brach in einer Tiefe von etwa 160 Kilometern ab.

Unterdessen hatte die Hauptsonde eine elliptische Umlaufbahn um den Planeten eingenommen. Die Sonde beobachtete dabei nicht nur Jupiter, sondern auch die großen Monde. Das Missionsende erfolgte am 21. September 2003 mit dem Verglühen der Sonde in der Jupiter-Atmosphäre. Durch die beabsichtigte Zerstörung sollte vermieden werden, dass Galileo auf den Mond Europa stürzte und dabei irdische Mikroben auf die fremde Welt übertrug.

Die Galileo-Mission gehörte zu den großen Erfolgen der unbemannten Weltraumfahrt. Sie war nicht nur eine technische Meisterleistung, sondern ermöglichte durch die übermittelten Bilder und Daten neue Erkenntnisse über Jupiter und seine Monde. Zum Beispiel fanden die Experten heraus, dass die Jupiterringe aus kleinen Staubkörnern bestehen, die von den Einschlägen von Meteoroiden von der Oberfläche der vier innersten Monde gesprengt wurden. Man weiß nun, dass die Vulkane auf Io heißer als irdische Feuerberge sind. Sie entstehen vermutlich dadurch, dass Lava aus magnesiumreichem Silikatmaterial unter der Oberfläche von Io ausbricht. Auf dem Mond Europa ist unter der eisigen Oberfläche wahrscheinlich mehr Wasser als auf der Erde vorhanden. Ganymed, der größte Mond des Sonnensystems, verfügt über ein eigenes Magnetfeld. Auch Kallisto hat ein schwaches Magnetfeld und möglicherweise einen unterirdischen Ozean.

Die zweite Jupiter-Mission

Juno

73

Juno ist nach Galileo der zweite Orbiter, den die NASA zum Jupiter schickte. Die Sonde soll Bilder und Daten liefern, während sie den Planeten umkreist, und dadurch der Wissenschaft helfen, die Fragen zu klären, wie Jupiter entstand und sich im Laufe der Zeit entwickelte, ob er einen festen Kern hat und wie sein enormes Magnetfeld zustande kommt.

Zu den Instrumenten, mit denen die Sonde ausgerüstet ist, gehören unter anderem ein Magnetometer zur Untersuchung des Magnetfeldes, ein Instrument zur Messung der Plasma- und Radiowellen im Magnetfeld, ein Mikrowellenspektrometer zur Ermittlung der Ammoniak- und Wasseranteile in der Atmosphäre, ein Instrument zur Messung der Materieverteilung im Inneren des Planeten sowie eine spezielle strahlengeschützte Kamera. Da die Sonde ihre Energie aus Solarzellen bezieht, muss bei der Umkreisung darauf geachtet werden, dass sie nicht in den Schatten des Planeten gerät.

Missionsverlauf

Die 3.525 Kilogramm wiegende Sonde wurde am 5. August 2011 von einer Atlas-V-Rakete ins All getragen. Da Junos Antrieb nicht ausreichte, um direkt zum Ziel zu gelangen, umkreiste sie zunächst zweimal die Sonne und nutzte durch einen Vorbeiflug an der Erde am 9. Oktober 2013 die irdische Schwerkraft, um die Geschwindigkeit zu steigern.

Sie erreichte am 4. Juli 2016 das Ziel und schlug eine Umlaufbahn um den Riesenplaneten ein. Das Vorhandensein eines festen Kerns hat sich bisher nicht bestätigt. Die Juno-Mission wird voraussichtlich bis Juli 2021 dauern.

Juno umkreist Jupiter seit Juli 2016 in einer großen Ellipse. Ein Umlauf dauert 53,4 Tage. Dabei nähert sich Juno dem Planeten bis zu einer Entfernung von 4.100 km. **Bild: NASA**

Eine bunte Familie

74

Die Jupitermonde

Jupiter ist wegen seiner Größe von besonderem Interesse für Weltraumforscher. Mit seinen gegenwärtig 79 bekannten natürlichen Begleitern ist er fast so etwas wie ein eigenes Sonnensystem. Die vier größten dieser Monde waren seit 1610 bekannt. Anfang der 1970er-Jahre wusste man von zwölf Jupitermonden. Dank der immer besser werdenden Teleskope stieg ihre Zahl vor allem in den 2000er-Jahren rasant an. Die meisten davon haben jedoch nur einen Durchmesser von wenigen Kilometern.

Von besonderem Interesse sind die Monde Io, Europa, Ganymed und Kallisto. Io ist der vulkanisch aktivste Körper im Sonnensystem. Er spuckt Schwefel bis zu 300 Kilometer in die Luft. Ganymed ist der größte Mond im Sonnensystem. Er ist sogar größer als der Planet Merkur und nur etwas kleiner als Mars. Kallisto zeichnet sich durch eine mit Kratern übersäte Oberfläche aus. Der Mond besteht aber zum großen Teil aus Eis und hat wahrscheinlich flüssiges Wasser im Untergrund. Von besonderem Interesse ist für viele Forscher aber Europa. Der Mond ist eine gefrorene, eisige Welt und ein einzigartiges Objekt im Sonnensystem. Wissenschaftler glauben, dass sich unter der gefrorenen Eisschicht auf der Oberfläche ein Salzwasserozean befindet. Europa gilt als einer der vielversprechendsten Orte für Leben im Sonnensystem außerhalb der Erde und soll deshalb in naher Zukunft Ziel einer Mission werden.

Jupiter (links) und die Galileischen Monde: Io (oben, gelblich), Europa (Mitte, weiß und bräunlich), Kallisto (unten, bräunlich) und Ganymed (rechts). **Bild:** NASA

Der Ringplanet

Saturn

75

Saturn gehört zu den Planeten, die bereits in der Antike bekannt waren. Bis zu der Entdeckung des Uranus galt er als der äußerste Planet, der „Grenzstein" des Sonnensystems. Sobald die Teleskope genauer wurden, konnte man feststellen, dass Saturn von einem Ring umgeben ist. Der niederländische Astronom Christiaan Huygens (1629–1695) entdeckte 1655 den Mond Titan, den größten unter den Saturntrabanten. Mittlerweile sind 62 natürliche Satelliten des Ringplaneten bekannt, von denen die meisten jedoch sehr klein sind.

Saturn ist der zweitgrößte Planet des Sonnensystems und zählt zu den Gasriesen. Wie Jupiter hat er wahrscheinlich keine feste Oberfläche. Unterhalb eines Wasserstoffozeans befindet sich aber möglicherweise ein Kern aus Gestein und Eisen. Die Atmosphäre setzt sich vor allem aus Wasserstoff und Helium zusammen. Seine mittlere Dichte ist jedoch nur halb so hoch wie die seines großen Bruders. Er ist sogar der Planet mit der geringsten Dichte im Sonnensystem.

Saturns Ringe

Dass Saturn nicht von einem, sondern von einem ganzen System aus Ringen umgeben ist, wurde schon früh erkannt. Bereits dem Astronomen Jean-Dominique Cassini (1625–1712) fiel eine Lücke auf. Man unterschied sieben Einzelringe, die in der Reihenfolge ihrer Entdeckung mit den Buchstaben A bis G bedacht wurden. Mit einer vertikalen Höhe von

Saturn und Erde im Vergleich

	Saturn	Erde
Durchmesser am Äquator	120.536 km	12.756,32 km
Umfang am Äquator	365.882,4 km	40.075 km
Mittlere Dichte	0,687 g/cm³	5,513 g/cm³
Masse (Erde = 1)	95	1
Gravitation an der Oberfläche	10,44 m/s²	9,80665 m/s²
Atmosphäre (Hauptbestandteile)	ca. 96,3 % Wasserstoff, ca. 3,25 % Helium, ca. 0,45 % Methan, ca. 0,0125 % Ammoniak	78 % Stickstoff, 20,95 % Sauerstoff

Composing aus 36 Fotos der Sonde Cassini: Deutlich sind die Ringe C, B und A sowie die Lücke zwischen A und B, die Cassini-Teilung, zu sehen. Bild: NASA/JPL-Caltech/SSI/Cornell

oft nur etwa 20 Metern können die Ringe extrem dünn sein. Das Material, aus dem die Ringe bestehen, reicht von winzigen, staubartigen Eiskörnern bis zu hausgroßen Brocken. Einige Teile können sogar so groß wie Berge sein. Das Entstehen der Ringe ist nach wie vor nicht wirklich geklärt. Manche Forscher vermuten, dass es sich bei ihnen um die Überbleibsel eines früheren Mondes handelt, andere nehmen an, dass sie Überreste des planetarischen Nebels sind, aus dem Saturn entstand. Das geschätzte Alter schwankt deswegen auch zwischen zehn und 100 Millionen Jahren auf der einen und etwa 4,5 Milliarden Jahren auf der anderen Seite. Für besondere Überraschung sorgte der 2009 entdeckte Phoebe-Ring, der weiter außen liegt und wahrscheinlich aus Partikeln vom Mond Phoebe entstand.

Monde

Saturn ist wie Jupiter von einer Vielfalt an Monden umgeben. Dazu gehören Titan, der größer als der irdische Mond ist, Rhea, die wahrscheinlich von einem eigenen Ring umgeben ist, Enceladus, der Fontänen von Wassereispartikeln ausstößt, und Iapetus, der sich durch eine dunkle und eine helle Hemisphäre auszeichnet. Während der Planet Saturn ein unwahrscheinlicher Ort für Leben ist, gilt dies nicht für einige seiner Monde. Vor allem Enceladus oder Titan könnten Leben beherbergen.

Eine Doppelsonde zum Saturn

Die Cassini-Huygens-Mission

76

Am 15. Oktober 1997 startete von Cape Canaveral auf einer Titan IVB die Doppelsonde Cassini-Huygens in Richtung Saturn. Es handelte sich dabei um eine der ambitioniertesten Missionen, die jemals in der Planetenforschung unternommen wurden. Erstmals sollten Saturn, seine Monde und Ringe nicht nur im Vorbeiflug studiert, sondern im Orbit genauer untersucht werden. Dabei handelte es sich um ein Gemeinschaftsprojekt der NASA, der ESA und der italienischen Raumfahrtagentur ASI. Der europäische Beitrag beinhaltete vor allem die Sonde Huygens, die dafür konzipiert war, auf dem großen Saturnmond Titan zu landen. Die NASA lieferte den Orbiter Cassini.

Um an Geschwindigkeit zu gewinnen, flog die Sonde erst zweimal an der Venus und einmal an der Erde vorbei, bevor sie Kurs auf die äußeren Planeten nahm. Beim Flug durch den Asteroidengürtel konnte sie am 23. Januar 2000 den Asteroiden Masursky aus einer Entfernung von 1,5 Millionen Kilometern fotografieren. Beim Vorbeiflug am Jupiter absolvierte Cassini-Huygens vom 1. Oktober 2000 bis zum 22. März 2001 ein fast sechs Monate dauerndes Beobachtungsprogramm, das dem Test der Ausrüstung diente und außerdem spektakuläre Aufnahmen des Planetenriesen lieferte.

Titan und Erde im Vergleich

	Titan	Erde
Mittlerer Durchmesser	5.149,4 km	12.742 km
Umfang am Äquator	16.177,5 km	40.030,2 km
Mittlere Dichte	ca. 1.882 g/cm³	5,513 g/cm³
Masse (Erde = 1)	0.0225	1
Gravitation an der Oberfläche	1,354 m/s²	9,80665 m/s²
Atmosphäre (Hauptbestandteile)	98,4 % Stickstoff, 1,4 % Methan, 0,2 % Wasserstoff	78 % Stickstoff, 20,95 % Sauerstoff
Mittlerer Abstand von Saturn / Sonne	1.221.830 km	149.598.262 km (1 AE)
Umlaufzeit um Saturn / Sonne	15 Tage, 22 Stunden	365,256 Tage

Nach ihrer 13-jährigen Mission verglühte Cassini in der Saturn-Atmosphäre, um zu vermeiden, dass Mikroorganismen von der Erde auf einen der Monde übertragen werden. Bild: NASA/JPL-Caltech

Am 30. Juni 2004 kam die Sonde schließlich am eigentlichen Ziel an und schwenkte in eine Umlaufbahn um Saturn ein. In den folgenden 13 Jahren lieferte Cassini zahlreiche Erkenntnisse über Saturn und seine Monde. Dazu gehörten die Entdeckung neuer Monde und eines neuen Rings, kryovulkanische Aktivitäten auf dem Eismond Encyladus und gigantische Stürme auf Saturn. Die Sonde unternahm auch einen Flug durch die Lücke zwischen den Ringen E und F.

Die Cassini-Mission endete am 15. September 2017 mit dem Eintauchen in die Atmosphäre Saturns und dem Verglühen der Sonde. Durch die geplante Zerstörung sollte verhindert werden, dass das Raumfahrzeug auf einen der größeren Monde traf und ihn mit irdischen Mikroorganismen kontaminierte.

Landung auf Titan

Zu den Höhepunkten der Mission zählte die Landung der Sonde Huygens auf dem Mond Titan am 14. Januar 2005. Es war der erste erfolgreiche Versuch, eine Sonde auf einer der Welten des äußeren Sonnensystems aufsetzen zu lassen. Während des zwei Stunden und 27 Minuten dauernden Abstiegs durch die dichte, stürmische Atmosphäre schickte die Sonde Messwerte und Bilder sowie Windgeräusche an die als Relais-Station fungierende Sonde Cassini. Nachdem Huygens mit einer Geschwindigkeit von etwa 16,2 km/h auf der Oberfläche aufgetroffen war, konnte das Landegerät noch eine Stunde und zehn Minuten lang Signale verschicken.

Es zeigte sich, dass auf Titan viele geologische Prozesse stattfinden, die denen auf der Erde gleichen. Diese Prozesse erzeugen einen Methanregen, der Flusskanäle und vorübergehend Seen mit flüssigem Methan und Ethan bildet. Möglicherweise ist auch ein unterirdischer Ozean aus Wasser vorhanden. Manche Forscher nehmen an, dass sich Titan in einem ähnlichen Zustand befindet wie die Erde vor dem Entstehen des Lebens.

Die Lagrange-Punkte

Sammelstellen für kleine Körper

77

1772 veröffentlichte Joseph-Louis Lagrange (1736–1813), ein französischer Mathematiker und Astronom, der sich der Zahlentheorie und Himmelsmechanik verschrieben hatte, eine preisgekrönte „Abhandlung über das Problem der drei Körper". Er behandelte darin unter anderem den Fall, dass zwei Körper eine effektive Anziehungskraft aufeinander ausüben und sich um einen gemeinsamen Schwerpunkt drehen, und dass ein dritter, bedeutend kleinerer und fast masseloser Körper im Schwerefeld der beiden größeren treibt. Beispiele für die beiden großen Körper wären Sonne und Erde, Erde und Mond oder Sonne und Jupiter. Als Beispiele für den kleinen Körper könnte man Asteroiden, Satelliten oder ausgebrannte Raketenstufen nehmen. Laut Lagrange gibt es zwei Punkte, an denen sich der kleine Körper mit den großen drehen kann, ohne seine relative Position zu den großen zu verändern. Heute nennt man diese Positionen die Langrange-Punkte oder Librationspunkte L4 und L5. Die Punkte L1, L2 und L3 hatte zuvor schon der Mathematiker Leonhard Euler (1707–1783) entdeckt. Das kleine Objekt ist der Anziehungskraft der großen Körper ausgesetzt, gleichzeitig wirkt darauf aber auch die Fliehkraft. Die Langrange-Punkte sind die Stellen, an denen sich die beiden Kräfte ausgleichen, weshalb ein kleines Objekt seine Position relativ zu den großen beibehalten kann.

Parkplätze für Sonden

Die Punkte L1 bis L3 liegen auf einer geraden Linie, die sich durch die beiden großen Körper definiert. Im Fall des Sonne-Erde-Systems liegt L1 zwischen der Sonne und der Erde an der Stelle, an der sich die Anziehungskräfte der Sonne und der Erde sowie die Fliehkraft ausgleichen, sodass ein Objekt bei L1 seine Position relativ zur Sonne und zur Erde beibehält – zumindest für eine gewisse Zeit. L2 ist ein weiterer Punkt auf dieser Linie. Er liegt allerdings außerhalb der Umlaufbahn der Erde um die Sonne. An seiner Stelle gleichen sich die Anziehungskräfte von Sonne und Erde, die in eine Richtung ziehen, und die in die andere Richtung wirkende Fliehkraft aus. Der dritte Punkt, L3, ist von der Erde aus nicht sichtbar, da er auf der gegenüberliegenden Seite der Sonne liegt. L1, L2 und L3 gelten als instabil. Das heißt, dass sich ein Körper an einem Punkt nicht halten kann, wenn er sich geringfügig davon entfernt. Man findet

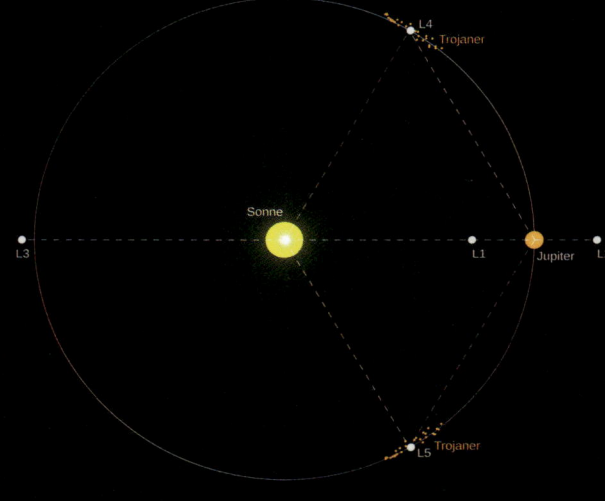

Die Lagrange-Punkte des Jupiter-Sonne-Systems. L1, L2 und L3 befinden sich auf einer geraden Linie, die von Sonne und Jupiter definiert wird. L4 und L5 liegen in der Umlaufbahn des Jupiter.
Bild: A. Mößmer

deswegen gewöhnlich keine natürlichen Objekte an diesen Stellen. Aber sie eignen sich für die Positionierung von Sonden, die mit ihren Triebwerken ihre Bahnen korrigieren können. Ein Beispiel dafür ist die Sonde ISEE-3, die am 12. August 1978 den L1-Punkt des Sonne-Erde-Systems erreichte und dort in einem Orbit um den Punkt ungefähr vier Jahre verharrte, um die Wechselwirkung des Magnetfeldes der Erde mit der Sonne zu erforschen. Später nahm die Sonde SOHO (Solar and Heliospheric Observatory), die der Erforschung der Sonne dient, eine Bahn um L1 ein.

Stabile Lagrange-Punkte

Die Punkte L4 und L5 liegen an der Spitze eines gleichseitigen Dreiecks, das man von der Verbindungslinie zwischen den beiden großen Körpern aus konstruiert. Diese Punkte sind stabil, weswegen sich bei ihnen natürliche Körper, also Asteroiden, Meteoroiden oder Staub ansammeln können. Die bekanntesten dieser Objekte, sind die Gruppen von Asteroiden – Trojaner genannt – die Jupiter in seiner Umlaufbahn entweder vorangehen oder folgen. Auch Trojaner anderer Planeten, mit Ausnahme des Merkur und des Saturn, konnten entdeckt werden. In der Erdumlaufbahn befindet sich bei Punkt L4 ein Trojaner mit einem mittleren Durchmesser von 379 Metern. Möglicherweise befand sich an dieser Stelle vor mindestens 4,5 Milliarden Jahren ein Protoplanet, der aus seiner Bahn geriet und für die Kollision mit der Erde, die zum Entstehen des Mondes führte, verantwortlich war.

Gravitationshilfe

Swing-by-Manöver

Die interplanetaren Flugbahnen von Sonden sind oft nicht direkt auf das Ziel gerichtet. Stattdessen steuern manche Sonden zunächst andere Planeten an, bevor sie die Richtung zum eigentlichen Ziel einschlagen. Man spricht dabei von „Vorbeischwungmanövern", meist wird aber der englische Ausdruck „Swing-by" (Vorbeischwingen) gebraucht. Die Raumsonde Cassini-Huygens, die den Saturn und seine Monde erforschen sollte, flog beispielsweise zweimal an der Venus vorbei, bevor sie die äußeren Planeten ansteuerte. Erst nach einem weiteren Vorbeiflug – diesmal an Jupiter – schlug sie einen Kurs direkt zum sechsten Planeten ein. Raumfahrzeuge nutzen bei solchen Manövern die Gravitation von Himmelskörpern um zu beschleunigen oder abzubremsen. Dadurch kann an Treibstoff und damit am Gewicht des Raumfahrzeugs gespart werden.

Planetenzugkraft

Beim Swing-by ändert sich die Geschwindigkeit des Raumfahrzeugs relativ zum Planeten nicht. Das Raumfahrzeug beschleunigt mit dem stärker werdenden Schwerefeld des Planeten zunächst, wird aber beim Verlassen wieder abgebremst. Die Geschwindigkeitsveränderung erfolgt relativ zur Sonne. Es ist die Bewegung des Planeten um die Sonne, die zum Beschleunigen oder Abbremsen des Raumfahrzeugs dient.

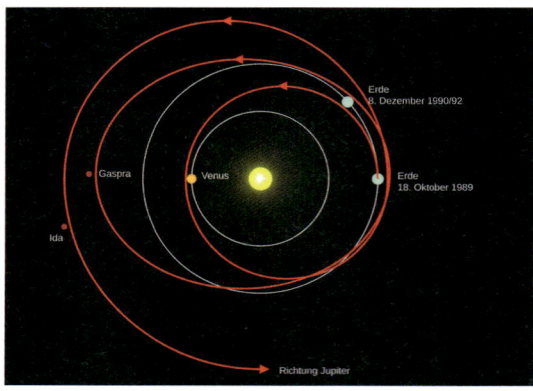

Eine Skizze der ungefähren Flugbahn der Sonde Galileo in Richtung Jupiter. Der Start fand am 18. Oktober 1989 statt. Am 10. Februar 1990 erfolgte der Swing-by an der Venus.
Bild: A. Mößmer

Krank im All

Folgen der Schwerelosigkeit

Raumkrankheit oder auf Englisch auch „Space adaptation syndrome" (Weltraumanpassungssyndrom) nennt man die Anfälle von Übelkeit, unter der Raumfahrer oft leiden, bis sich ihre Körper an die Schwerelosigkeit angepasst haben. Zeitweise sprach man auch von der „Apollo-Krankheit". Während des Flugs der Apollo 8 zum Mond litt Frank Borman so stark unter Übelkeit und Kopfschmerzen, dass man befürchtete, die Mission verkürzen und den Orbit um den Mond streichen zu müssen. Bei der Apollo-9-Mission litt Russell Schweickart unter der Krankheit. Für ihn war ursprünglich ein zweistündiger Weltraumspaziergang geplant, wobei er auch einen neuen Schutzanzug hätte erproben sollen. Er konnte jedoch zunächst diesen Teil des Programms nicht durchführen, da ein Erbrechen im aufgesetzten Helm lebensgefährlich gewesen wäre. Nach dem Abflauen der Krankheit konnte Schweickart schließlich doch noch einen Raumanzug anlegen und den Außenbordeinsatz durchführen, wenn auch auf 37 Minuten verkürzt.

Schädliche Schwerelosigkeit

Mittlerweile weiß man, dass die Schwerelosigkeit einen negativen Einfluss auf den menschlichen Körper hat, auch wenn sich dies nicht nur durch die Raumkrankheit äußert. Ein längerer Aufenthalt im All lässt Muskeln und Knochen schwinden, Blut und Wasser in den Kopf steigen, führt zu Veränderungen am Herz-Kreislaufsystem, an der Immunabwehr, dem Bewegungsapparat und den Augen sowie aufgrund der Strahlung zu Schäden im Erbgut. Sollte es jemals zu bemannten Mars-Missionen kommen, wird der lange Aufenthalt in der Schwerelosigkeit eine Herausforderung darstellen.

Der Aufenthalt in der Schwerelosigkeit muss trainiert werden, wie hier bei einem Parabelflug, bei dem die Schwerelosigkeit an Bord eines Flugzeugs erreicht wird.
Bild: NASA

Der gekippte Riese

Uranus

80

Am 13. März 1781 beobachtete der im englischen Bath lebende Musiker und Astronom Wilhelm Herschel (1738–1822) durch sein selbstgebautes Teleskop den Nachthimmel und entdeckte ein Objekt, das deutlich als Scheibe erkennbar war, während die Fixsterne nur als Punkte erschienen. Nachdem er seine Entdeckung veröffentlicht hatte, richteten sich auch die Teleskope anderer Forscher auf das Gestirn, und es stellte sich heraus, dass es sich um einen bisher unbekannten Planeten handelte – den siebten des Sonnensystems. Herschel wollte ihn zu Ehren des britischen Königs George „Georgian Planet" nennen. Es setzte sich jedoch der Vorschlag des Astronomen Johann Elert Bode (1747–1826) durch, den Namen wie bei den anderen Planeten aus der antiken Götterwelt zu nehmen und ihn Uranus zu nennen.

Bei seinen weiteren Beobachtungen des neuen Planeten entdeckte Herschel 1787 zwei Uranusmonde, die er nach Shakespeares „Sommernachtstraum" Titania und Oberon taufte. 1851 fand William Lassell (1799–1880) zwei weitere Monde: Ariel und Umbriel. Die Namen stammten aus dem Werk „Der Raub der Locke" (The Rape of the Lock) von Alexander

Uranus und Erde im Vergleich

	Uranus	Erde
Durchmesser am Äquator	51.118 km	12.756,32 km
Umfang am Äquator	159.354 km	40.075 km
Mittlere Dichte	1,270 g/cm³	5,513 g/cm³
Masse (Erde = 1)	14,5	1
Gravitation an der Oberfläche	8,87 m/s²	9,80665 m/s²
Atmosphäre (Hauptbestandteile)	ca. 82,5 % Wasserstoff, ca. 15,2 % Helium, ca. 2,3 % Methan	78 % Stickstoff, 20,95 % Sauerstoff
Mittlerer Abstand von der Sonne	2.871 Millionen km (19,2 AE)	149.598.262 km (1 AE)
Umlaufzeit (siderisch)	83,75 Jahre	365,256 Tage
Anzahl der Monde	27	1

Pope. Erst 1948 wurde der nächste Uranusmond entdeckt. Diesmal von Gerard Peter Kuiper an der McDonald-Sternwarte in Texas. Es war der fünfte unter den großen natürlichen Satelliten des Planeten. Er erhielt den Namen „Miranda", der ebenfalls von den Werken Shakespeares und Popes bekannt war.

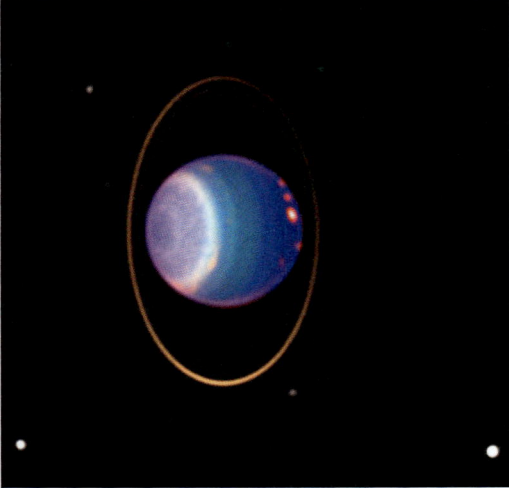

Bei diesem Falschfarbenbild des Uranus sind Wolken in der Atmosphäre, vier der größeren Ringe sowie zehn Monde zu erkennen. Bild: NASA/JPL/STScI

Herschel hatte schon 1787 gedacht, zwei Ringe um den Uranus entdeckt zu haben, verwarf die Idee aber wieder. Es sollte bis 1977 dauern, bis man herausfand, dass sich Herschel nicht getäuscht hatte. Uranus hat tatsächlich Ringe. Neun Stück entdeckte man zunächst. Später fand man noch vier weitere.

Uranusforschung

Zunächst konnte man den Uranus nur mit Teleskopen erforschen. Man fand heraus, dass es sich um einen Gasriesen handelte, der jedoch kleiner als Jupiter und Saturn ist. Mittels der Spektralanalyse glaubte man zunächst das Vorherrschen von Methan in der Atmosphäre festzustellen. Später stellte sich aber heraus, dass der Wasserstoff, wie bei den größeren Gasbrüdern, den größten Teil ausmacht. Auch eine Besonderheit des Uranus fand man heraus: Seine Rotationsachse steht nicht wie bei den anderen Planeten ungefähr senkrecht auf der Bahnebene, sondern liegt praktisch auf der Ebene. Dadurch sind während eines Uranusjahres einmal der Nordpol und einmal der Südpol der Sonne zugewandt.

Bisher wurde der Uranus nur von einer Sonde besucht, nämlich von Voyager 2 auf ihrem Weg zu den Randgebieten des Sonnensystems. Dabei entdeckte das Raumfahrzeug zehn neue Monde, zwei weitere Ringe und ein Magnetfeld, das stärker als dasjenige des Saturn ist. Zwei zusätzliche Monde fand 2005 das Hubble-Teleskop.

Der Sturmplanet

Neptun

81

Als die Astronomen nach der Entdeckung des Uranus daran gingen, die Bahn des neuen Planeten zu berechnen, stellte sich heraus, dass es Abweichungen zwischen den Kalkulationen und der tatsächlich beobachteten Bahn gab. Mehrere Astronomen vermuteten, dass für die Bahnstörung die Gravitation eines anderen, noch unbekannten Gestirns verantwortlich sein könnte.

Im September 1845 berechnete der Astronom und Mathematiker John Couch Adams (1819–1892) in Cambridge die Bahn und die Masse des hypothetischen Planeten. Er wollte dem damaligen „Astronomer Royal" George Biddell Airy (1801–1892), der an der Sternwarte in Greenwich tätig war, seine Daten vortragen, was ihm aber zunächst nicht gelang. Erst 1847 veröffentlichte er seine Arbeit. Inzwischen beschäftigte sich auch in Paris der Astronom Urbain Leverrier (auch Le Verrier geschrieben), mit der Suche nach dem Störenfried jenseits der Uranusbahn und teilte seine Ergebnisse mehreren Sternwarten mit. Einer seiner Briefe erreichte am 23. September 1846 Johann Gottfried Galle, den Assistenten der Berliner Sternwarte, mit der Bitte, nach dem hypothetischen Objekt zu suchen. Tatsächlich entdeckte Galle noch in derselben Nacht einen Lichtpunkt,

Neptun und Erde im Vergleich

	Neptun	Erde
Durchmesser am Äquator	49.528 km	12.756,32 km
Umfang am Äquator	155.518 km	40.075 km
Mittlere Dichte	1,638 g/cm³	5,513 g/cm³
Masse (Erde = 1)	17,147	1
Gravitation an der Oberfläche	11,15 m/s²	9,80665 m/s²
Atmosphäre (Hauptbestandteile)	ca. 80 % Wasserstoff, ca. 19 % Helium, ca. 1,5 % Methan	78 % Stickstoff, 20,95 % Sauerstoff
Mittlerer Abstand von der Sonne	4.498,4 Millionen km (30 AE)	149.598.262 km (1 AE)
Umlaufzeit (siderisch)	164,79 Jahre	365,256 Tage
Anzahl der Monde	14	1

Dieses Bild des Eisriesen Neptun wurde von der Sonde Voyager 2 während des Vorbeiflugs gemacht. Bild: NASA

der nicht in den Sternkarten verzeichnet war – es handelte sich um das gesuchte Gestirn. Erstmals war ein Planet aufgrund mathematischer Berechnungen gefunden worden.

Beschaffenheit des Neptun

Neptun ist zwar etwas kleiner als Uranus, hat aber eine höhere Dichte und deswegen eine größere Masse. Er ist neben Uranus der zweite Eisriese im Sonnensystem. Sein innerer Kern besteht wahrscheinlich aus Silikaten und Metallen. Im Mantel herrschen Wasser-, Ammoniak- und Methaneis vor. Die Atmosphäre setzt sich wie bei den anderen Gasriesen überwiegend aus Wasserstoff und Helium zusammen.

Am 25. August 1989 erreichte Voyager 2 vom Uranus kommend den Neptun. Beim Vorbeiflug konnte die Sonde umfangreiche Stürme ausmachen. Sie wüteten mit bis zu 1.600 Stundenkilometern, der höchsten jemals im Sonnensystem gemessenen Windgeschwindigkeit. Das Magnetfeld des Neptun ist etwa 27-mal stärker als das der Erde. Die Hauptachse des Magnetfelds ist gegenüber der Rotationsachse des Planeten um etwa 47 Grad gekippt. Es unterliegt wegen dieser Ausrichtung bei jeder Rotation wilden Schwankungen.

Ein vermeintlicher Planet

Pluto

82

Percival Lowell (1855–1916) war ein weitgereister amerikanischer Geschäftsmann, Autor, Diplomat und Mathematiker. Von Camille Flammarions Werk über den Mars inspiriert, wollte er sich der Erforschung des Roten Planeten widmen. Zu diesem Zweck errichtete er 1894 bei Flagstaff, in dem heutigen US-Bundesstaat Arizona, eine private Sternwarte. Als sich nach der Entdeckung des Neptun herausstellte, dass dessen Gravitation die Veränderungen in der Uranusbahn nicht vollständig erklärte, drängte sich die Frage auf, ob es jenseits der Neptun-Bahn möglicherweise noch einen Planeten gäbe. Lowell begann 1906 mit der Suche, starb aber zehn Jahre später, ohne diesen Planet X entdeckt zu haben.

Andere führten Lowells Arbeit weiter. 1929 erhielt der damals 23-jährige Farmerssohn Clyde Tombaugh (1906–1997) an dem Observatorium eine Anstellung. Seine Aufgabe war es, von einer bestimmten Himmelsgegend im Abstand von sechs Tagen fotografische Aufnahmen anzufertigen. Als er die Negativplatten miteinander verglich, entdeckte er einen kleinen schwarzen Punkt, der seine Position verändert hatte. Für einen Asteroiden war die Geschwindigkeit des Objektes zu gering. Es musste ein Körper weit außerhalb der Neptun-Bahn sein. Tombaugh hatte den seit langem gesuchten Planet X entdeckt, und noch dazu nahe einer Stelle, die Lowell

Pluto und Erde im Vergleich

	Pluto	Erde
Durchmesser am Äquator	2.375,2 ± 3,6 km	12.756,32 km
Umfang am Äquator	ca. 7.458 km	40.075 km
Mittlere Dichte	1,854 g/cm³	5,513 g/cm³
Masse (Erde = 1)	0,00218	1
Gravitation an der Oberfläche	0,66 m/s²	9,80665 m/s²
Atmosphäre (Hauptbestandteile)	Stickstoff, Kohlenstoffdioxid, Methan	78 % Stickstoff, 20,95 % Sauerstoff
Mittlerer Abstand von der Sonne	39,482 AE	1 AE
Umlaufzeit (siderisch)	248 Jahre	1 Jahr

Pluto und Charon umkreisen einen gemeinsamen Schwerpunkt, was die beiden Körper zu einer Art Doppelplaneten macht. **Bild:** NASA

berechnet hatte. Es war der 18. Februar 1930. Nachträglich stellte sich heraus, dass der Planet bereits 1914 fotografiert worden war, allerdings ohne entdeckt zu werden, da die Aufnahmen anderen Zwecken dienten. Der Name des neuen Planeten, Pluto, hatte den Vorteil, dass die ersten beiden Buchstaben den Initialen des Percival Lowell entsprachen.

Ein exzentrischer Körper

Unter den Astronomen wurden jedoch schon bald Zweifel wach, ob Pluto wirklich die nötige Masse habe, die Bahn des Neptun zu beeinflussen. Was manche ebenfalls als seltsam empfanden, waren die für einen Planeten ungewöhnliche Exzentrizität der Bahn, die Pluto zum Teil sogar innerhalb der Neptun-Bahn führte, sowie die Bahnneigung von über 17 Grad. Dies ließ einige Forscher schon früh spekulieren, dass Pluto kein richtiger Planet, sondern Mitglied eines Schwarms von Kleinplaneten sei.

Die große Entfernung, in der Pluto um die Sonne kreist, erlaubt es kaum, etwas von der Oberfläche zu erkennen. Selbst Aufnahmen mit dem Hubble-Weltraumteleskop lieferten nur Flächen mit unterschiedlicher Helligkeit.

1978 entdeckte der Astronom James Christy den Pluto-Mond Charon. Der Trabant hat die Hälfte des Durchmessers und ein Achtel der Masse des Hauptgestirns. Der Einfluss seiner Gravitation auf Pluto ist so groß, dass beide Körper um einen gemeinsamen Schwerpunkt außerhalb des Hauptgestirns kreisen, was Pluto und Charon nach Meinung mancher Astronomen den Status eines Doppelplaneten verleiht. In den Jahren 2005, 2011 und 2012 entdeckte das Weltraumteleskop Hubble vier weitere Pluto-Monde. Diese Trabanten sind jedoch bedeutend kleiner und besitzen unregelmäßige Formen. Der längste Durchmesser des größten dieser natürlichen Satelliten, Hydra, beträgt nur 55 Kilometer.

Planeteninflation

Was ist ein Planet?

83

Den antiken Beobachter des Himmelsgewölbes blieb nicht verborgen, dass manche der leuchtenden Objekte am Firmament fest verankert zu sein schienen, während andere offensichtlich ihre Positionen veränderten. Die feststehenden nannte man deswegen Fixsterne, die beweglichen dagegen Wandelsterne. Im Griechischen sprach man von „Planetes" – Umherschweifende. Zu diesen Planeten zählte man im geozentrischen Weltbild oft auch den Mond und die Sonne, da man glaubte, dass beide die Erde umkreisten. Dies änderte sich jedoch, als sich das heliozentrische System durchsetzte. Die Erde galt als einer der Planeten, die ihre Bahn um die Sonne zogen, und weiter außen befand sich die Sphäre der Fixsterne. Der Mond umkreiste dagegen die Erde und verlor deswegen den Rang eines Planeten.

Bis zum 19. Jahrhundert waren sieben Planeten bekannt: Merkur, Venus, Erde, Mars, Jupiter, Saturn und Uranus. Mit der Entdeckung von Ceres durch Giuseppe Piazzi 1801 und in der Folgezeit von Eros und anderen kleinen Objekten zwischen Mars und Jupiter erhöhte sich die Anzahl der Planeten. Man merkte aber bald, dass sich diese Objekte in einer anderen Größenordnung befanden, zumeist unregelmäßige Formen hatten und sich auch in anderer Hinsicht von den übrigen Planeten unterschieden. Die wachsende Menge dieser kleinen Gestirne machte es nötig, neben den Planeten, Kometen und Monden – von denen der irdische Mond, vier Jupitermonde und der Saturnmond Titan bekannt waren – eine weitere Kategorie einzuführen: Planetoiden (Planetenartige) oder Asteroiden (Sternenartige).

Die Entdeckung des Neptun 1846 durch Johann Gottfried Galle erhöhte die Zahl der unumstrittenen Planeten. Einen weiteren Planeten glaubte man mit Pluto gefunden zu haben. Zunächst mutmaßte man, dass das entfernte Objekt hinsichtlich seiner Größe und Masse an den Mars oder gar an die Erde herankomme. Selbst in den 1970er-Jahren vermutete man noch einen Durchmesser von circa 6.000 Kilometern. Dies änderte sich jedoch, als genauere Beobachtungen möglich wurden. Pluto schrumpfte nicht nur hinsichtlich seiner Bedeutung, mit Entdeckungen anderer Objekte jenseits der Neptun-Bahn, zeigte es sich, dass der vermeintliche neunte Planet lediglich Teil eines Ringes kleiner Eiskörper war, des sogenannten „Kuipergürtels". Wie Ceres vor ihm, konnte nun auch Pluto seinen Rang als Planet nicht mehr halten.

Diese Montage zeigt Bilder der acht Planeten des Sonnensystems und des Mondes, die von verschiedenen Sonden aufgenommen wurden.
Bild: NASA

Neudefinitionen

Im Oktober 2005 unternahm die Internationale Astronomische Union (IAU) anlässlich einer Generalversammlung in Prag die Neudefinition des Planetenstatus. Danach zählen zu dieser Kategorie nur Objekte, die keine Satelliten (Monde) sind, sich in einer Umlaufbahn um die Sonne befinden, aufgrund ihrer Gravitation eine annähernd runde Form besitzen und die Umgebung ihrer Umlaufbahn von anderen Objekten bereinigt haben. Pluto und Ceres konnten die letzte Bedingung nicht erfüllen, besitzen aber genügend Gravitation, um eine rundliche Form zu bilden. Man ordnete sie deshalb der Kategorie der Zwergplaneten zu. Andere Mitglieder dieser Klasse sind die Kuipergürtelobjekte Haumea, Eris und Makemake.

Als weitere neue Kategorie führte die IAU die Kleinplaneten ein, zu denen auch die Zwergplaneten gehören. Plutoiden bezeichnen nun Kleinplaneten außerhalb der Neptunbahn. Die zahlreichen Objekte im Kuiper- und Asteroidengürtel, Kometen und Meteoroiden, die sich in einer Umlaufbahn um die Sonne befinden, aber für die Klasse der Kleinplaneten zu gering sind, werden in der Kategorie der Kleinkörper zusammengefasst.

Jenseits des Neptun

Der Kuipergürtel

84

Was manche schon früh vermutet hatten, bestätigte sich im Laufe der Zeit: Pluto war nicht alleine jenseits der Neptunbahn. Schon 1992 entdeckten Forscher mit dem Mauna-Kea-Observatorium auf Hawaii ein Objekt, das in einer mittleren Entfernung von 43,7 AE um die Sonne kreist. Der später als Albion bezeichnete unregelmäßig geformte Körper hat einen Durchmesser von 108 bis 167 Kilometern. Bis Ende 1999 waren bereits Hunderte dieser transneptunischen Objekte entdeckt. Mittlerweile sind über 3.000 Körper jenseits der Neptunbahn bekannt.

Dieser Bereich des Sonnensystems wird als Kuipergürtel oder manchmal als Edgeworth-Kuiper-Gürtel (nach den Astronomen Kenneth Edgeworth und Gerard Kuiper) bezeichnet. Seine Gesamtform ist die einer aufgeblähten Scheibe, manchmal auch als Donut-Form bezeichnet. Der innere Rand beginnt bei der Umlaufbahn des Neptun, in einer Entfernung von etwa 30 AE von der Sonne. Bei 50 AE endet die innere Hauptregion des Kuipergürtels.

Gestreute Objekte

Manche Objekte jenseits der Neptunbahn liegen jedoch außerhalb dieser Hauptregion. Dazu gehört das 2003 von Astronomen der Palomar-Sternwarte in Kalifornien entdeckte, später als Zwergplanet eingestufte Objekt, das den Namen Eris erhielt und mit einem Durchmesser von etwa 2.326 Kilometern fast so groß wie Pluto ist. Seine Bahn verläuft sehr exzentrisch mit einem Abstand von etwa 38 bis 97,5 AE um die Sonne. Körper dieser Klasse werden als „Gestreute Kuipergürtelobjekte", manchmal auch einfach „Gestreute Scheibenobjekte" („Scattered Disk Objects"), bezeichnet.

Dieses Objekt findet sich im Kuipergürtel. Es wurde vom Hubble-Teleskop entdeckt und misst weniger als 1.000 Meter. Bild: NASA / ESA / G. Bacon

New Horizons

Zum Pluto und noch weiter

Nachdem der Start wegen starker Winde und einem Stromausfall schon zweimal abgesagt worden war, hob am 19. Januar 2006 die Sonde New Horizons auf einer Atlas-V-Rakete von Cape Canaveral ab. Das Ziel lag in den äußersten Bereichen des Sonnensystems. Es handelte sich um den damals noch als Planet geltenden Pluto im Kuipergürtel.

Anfang Juli 2015 hatte sich New Horizons dem ehemaligen neunten Planeten ausreichend genähert, um die ersten Farbaufnahmen der bisher nur in verschwommenen Bildern bekannten Oberflächen von Pluto und Charon machen zu können. Der Vorbeiflug an dem Kleinplaneten erfolgte am 14. Juli. Aus den Aufnahmen und Messungen ließen sich mehrere Erkenntnisse über Pluto ableiten. Dazu gehörte die wahrscheinliche geologische Aktivität seiner Oberfläche, die vor allem aus Stickstoff bestehende dünne Atmosphäre und das mögliche Vorhandensein eines inneren Ozeans.

Ultima Thule

Nach dem Rendezvous mit Pluto und Charon setzte New Horizons die Mission im Kuipergürtel fort. Das nächste Ziel war ein Objekt, das 2014 mit dem Hubble-Teleskop entdeckt worden war. Es setzt sich aus zwei miteinander verbundenen Körpern zusammen und hat eine Länge von nur 31,7 Kilometern. Nachdem es als Ziel ausgewählt worden war, erhielt es den Namen „Ultima Thule", was für „jenseits der bekannten Welt" stehen soll. Als die Sonde am 1. Januar 2019 an dem Kuipergürtelobjekt vorbeiflog, war es fast 6,5 Milliarden Kilometer von der Sonne entfernt. Damit ist Ultima Thule das entfernteste Objekt, das jemals von einer Sonde erreicht wurde.

Diese Darstellung zeigt die Raumsonde bei der Begegnung mit Pluto. **Bild: Johns Hopkins University Applied Physics Laboratory/Southwest Research Institute**

Kosmische Distanzen

Maße und Abstände im All

Um Distanzen im Weltall anzugeben, haben Astronomen das Längenmaß „Astronomische Einheit" (abgekürzt AE beziehungsweise auf Englisch AU) eingeführt. Eine AE ist der mittlere Abstand der Erde zur Sonne. Mit der AE kann man die Abstände im Sonnensystem sehr anschaulich darstellen.

Außerhalb des Sonnensystems sind die Entfernungen zwischen den Objekten jedoch so groß, dass die Verwendung der Astronomischen Einheit nicht mehr anschaulich wäre. Bis zu Proxima Centauri, unserem Nachbarstern, beträgt der Abstand beispielsweise 268.269 AE, und bis zur Wega sind es ungefähr 1.581.027 AE. Folglich zog man die Geschwindigkeit des Lichts heran, um die Entfernungen im Weltall zu bestimmen. 4,2 Jahre braucht das Licht bis Proxima Centauri und etwa 25 Jahre bis zur Wega. Einen Durchmesser von etwa 100.000 Lichtjahren hat die Scheibe der Milchstraße, und ungefähr 2,5 Millionen Lichtjahre beträgt die Entfernung zu unserer Nachbargalaxis Andromeda. Dieses Längenmaß zeigt auch, wie lange die Kommunikation im Weltraum dauern würde. Ein Funkspruch auf den Mond kommt in 1,28 Lichtsekunden an. Zwischen zwei Minuten und 47 Sekunden und 22 Minuten und 16 Sekunden benötigt ein Funksignal, abhängig vom Abstand der Planeten, bis es auf dem Mars ankommt. Die Lichtgeschwindigkeit als Maß veranschaulicht auch, wie schwierig es wäre, Nachrichten mit Zivilisationen in anderen Sonnensystemen auszutauschen. Falls unsere Antennen zum Beispiel Signale von der Wega empfingen, würde es 25 Jahre dauern bis unsere Reaktion in Form eines Funkspruchs am Ziel ankäme.

1974 schickte das Arecibo-Radioteleskop auf Puerto Rico eine

Abstände von der Sonne in Astronomischen Einheiten

Merkur	0,38 AE
Venus	0,72 AE
Erde	1 AE
Mars	1,52 AE
Asteroidengürtel	2–3,4 AE
Jupiter	5,2 AE
Saturn	9,58 AE
Uranus	19,14 AE
Neptun	30,20 AE
Pluto	39,48 AE
Kuipergürtel	30–100 AE
Oortsche Wolke	ca. 5.000–ca. 100.000 AE

Interstellare Distanzen werden in Lichtjahren oder Parsec gemessen. Dieses Bild zeigt das Spitzer-Weltraumteleskop, die Erde und die Kleine Magellansche Wolke.
Bild: NASA/ JPL-Caltech/ R. Hurt (SSC)

Botschaft im Binärcode in die Richtung des Kugelsternhaufens M13. Über 100.000 Sterne zählt dieser kosmische Haufen, und Teil dieser Ansammlung ist wahrscheinlich eine noch größere Anzahl von Planeten. Falls es außerirdisches Leben gibt, so dachte man sich, würde man darauf mit einer größeren Wahrscheinlichkeit in einer großen Sternendichte treffen. Ein Problem ist nur: M13 ist etwa 25.000 Lichtjahre von unserem Sonnensystem entfernt. Das bedeutet: Sollte es in dem Kugelsternhaufen wirklich intelligentes Leben geben, würde es 25.000 Jahre dauern, bis die Nachricht eintrifft, und die Antwort würde erst in 50.000 Jahren auf der Erde ankommen – wahrlich kosmische Zeiträume.

Ein weiteres interstellares Längenmaß ist das Parsec (auch „Parsek" geschrieben). Es steht für „Parallaxensekunde" (englisch „parallax second") und bezeichnet die Entfernung, von der aus gesehen der Abstand zwischen Erde und Sonne in einer Bogensekunde erscheint. Ein Parsec entspricht 3,262 Lichtjahren und damit 206.265 Astronomischen Einheiten.

Das Zentralgestirn

Die Sonne

87

99,8 Prozent der Masse des Sonnensystems befinden sich im Zentralgestirn. Verglichen mit der Sonne ist die Erde ein Zwerg. Sie hat ein 1.304.000-mal größeres Volumen und 333.000-mal mehr an Masse als die Erde.

In einigen antiken Kulturen galt die Sonne als Gottheit, die mit ihrer Wärme das Leben ermöglichte. Tatsächlich wäre ohne die Sonne kein Leben auf der Erde möglich. Die Pflanzen absorbieren mit Hilfe des grünen Blattfarbstoffs Chlorophyll die Energie des Sonnenlichts und nutzen sie gemeinsam mit Wasser und Kohlendioxyd zur Erzeugung chemischer Energie. Lange Zeit wurde die Sonne zu den Planeten gezählt, die sich am Firmament bewegten oder um die Erde kreisten. Aber heute wissen wir, dass sie eine gewaltige Gaskugel ist, die das Schicksal des gesamten Sonnensystems bestimmt.

Aber wie erzeugt die Sonne ihre gewaltige Energie? In der Sonne herrschen ein enormer Druck und eine Temperatur von etwa 15 Millionen Grad. Unter dieser Bedingung kommt es zur Verschmelzung von Was-

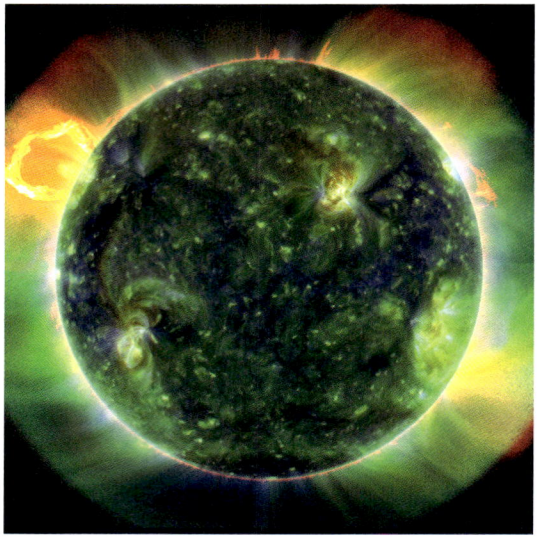

Das von der NASA lancierte Solar Dynamics Observatory (SDO) liefert Bilder, die helfen, die dynamischen Prozesse der Sonne besser zu verstehen.
Bild: NASA/ Goddard/ SDO AIA Team

serstoffatomen – aus denen die Sonne zum größten Teil besteht – zu Heliumatomen. In jeder Sekunde werden in der Sonne etwa 600 Millionen Tonnen Wasserstoff in ungefähr 596 Millionen Tonnen Helium verwandelt. Bei diesem Prozess entsteht die Sonnenenergie.

Sonnenmissionen

Angesichts der Tatsache, dass die Sonne das Leben auf der Erde nicht nur erhält, sondern jederzeit zerstören kann, ist das spezielle Interesse der Raumfahrtorganisationen an dem kosmischen Energielieferanten verständlich. Von 1962 bis 1975 schickte die NASA im Rahmen des OSO-Programms (Orbiting Solar Observatory) acht Satelliten auf Delta-Raketen in eine Erdumlaufbahn, um den Sonnenfleckenzyklus durch die Messung der UV- und Röntgenstrahlungen zu beobachten.

Als ein Gemeinschaftsprojekt der NASA und des Deutschen Zentrums für Luft- und Raumfahrt starteten 1974 die Sonde Helios A und 1976 die Schwestersonde Helios B. Ihre Aufgabe war es, die Sonnenprozesse aus der Umlaufbahn um die Sonne zu studieren. Ein Gemeinschaftsprojekt der ESA und der NASA war die Sonde Ulysses. Sie wurde 1990 von einem Space Shuttle in den Weltraum getragen. Ulysses unternahm 1992 ein Vorbeiflugmanöver am Jupiter und gelangte dadurch in eine polare Umlaufbahn um die Sonne.

Mit einer japanischen Trägerrakete wurde 2006 das Weltraumteleskop Hinode zum Zweck der Sonnenbeobachtung in eine Erdumlaufbahn geschickt. An dem Projekt beteiligt waren neben der japanischen Raumfahrtorganisation JAXA auch die NASA, die ESA und die britische Forschungsorganisation PPARC. In einer Erdumlaufbahn befindet sich seit 2010 außerdem das Solar Dynamics Observatory (SDO) der NASA.

Sonne und Erde im Vergleich

	Sonne	Erde
Durchmesser am Äquator	1.391.400 km	12.756,32 km
Umfang am Äquator	4.370.000 km	40.075 km
Mittlere Dichte	1,409 g/cm³	5,513 g/cm³
Masse (Erde = 1)	333.000	1
Gravitation an der Oberfläche	274 m/s²	9,80665 m/s²
Atmosphäre (Hauptbestandteile)	92,1 % Wasserstoff, 7,8 % Helium	78 % Stickstoff, 20,95 % Sauerstoff

Der äußerste Rand

Die Oortsche Wolke

88

1950 schlug der niederländische Astronom Jan Oort (1900–1992) vor, dass es jenseits der Pluto-Bahn, weit von der Sonne entfernt, eine Sphäre aus vereisten Körpern geben müsse. Damit griff er eine Idee auf, die bereits 1932 von dem aus Estland stammenden Astronomen Ernst Öpik (1893–1985) geäußert worden war. Diese Hypothese sollte die Herkunft der langperiodischen Kometen erklären. Was für eine Sphäre anstelle eines Rings sprach, war der Umstand, dass diese eisigen Körper aus allen Richtungen kamen und ihre Bahnen keinen bevorzugten Neigungswinkel hatten. Der Aphel, der entfernteste Punkt ihrer Bahnen von der Sonne, schien im Bereich von etwa 50.000 AE zu liegen. Dies war weit außerhalb der Bahnen kurzperiodischer Kometen. Der Aphel des Halleyschen Kometen liegt zum Beispiel nur bei 35 AE.

Eine eisige Wolke

Das Vorhandensein der anfangs als „allgemeines zirkumsolares Kometensystem" bezeichneten Oortschen Wolke wird heute weitgehend akzeptiert, auch wenn sie nicht direkt nachweisbar ist, da die Objekte zu weit entfernt und zu klein sind, um mit Teleskopen beobachtet zu werden. Auch das Ausmaß der Wolke kann nur geraten werden. Es wird geschätzt, dass sie bei einer Entfernung von 20.000 AE von der Sonne beginnt und bei ungefähr 100.000 AE endet. Die Oortsche Wolke besteht wahrscheinlich aus Hunderten von Milliarden oder möglicherweise sogar Billionen Objekten. Wenn einer dieser eisigen Körper durch eine Störung, beispielsweise durch einen benachbarten Stern, aus der Bahn gebracht wird, kann er in den Innenbereich des Sonnensystems gelangen und als Komet sichtbar werden.

Der 2013 entdeckte Komet C/2013 A1, auch „Siding Spring" genannt, gehört zu den Körpern, die ihren Ursprung wahrscheinlich in der Oortschen Wolke haben. **Bild: NASA**

Die interstellare Grenze

89

Wo endet das Sonnensystem?

Als Camille Flammarion 1880 seine „Astronomie populaire" verfasste, nahm er an, dass jenseits des Neptun vielleicht noch ein oder zwei unbekannte Planeten, einige Kometen und Schwärme von Meteoriten ihre Bahnen zogen, dass aber davon abgesehen der Raum zwischen unserem Sonnensystem und dem benachbarten Stern Alpha Centauri von der „kalten Einsamkeit eines immensen Vakuums" geprägt sei. Vom Kuipergürtel und der Oortschen Wolke wusste er noch nichts. Aber selbst für den Raum zwischen den Sternen nimmt man heute ein interstellares Medium aus Teilchen und Strahlung an. Diese Komplexität macht es schwierig, überhaupt festzulegen, wo das Sonnensystem endet.

Die Heliosphäre

Eine mögliche Abgrenzung des Sonnensystems zum umgebenden Raum ist die Heliosphäre. Dabei handelt es sich um eine Art Blase, die der Sonnenwind, ein von der Sonne ausgestoßener Strom geladener Teilchen, im interstellaren Medium erzeugt. Nur ein geringer Teil der von außen kommenden kosmischen Strahlung kann in die Heliosphäre eindringen. Bei einer Entfernung von etwa 80 AE entsteht die Randstoßwelle, bei der die Sonnenteilchen von den interstellaren Teilchen abrupt abgebremst werden. Bei etwa 100 AE beginnt die Heliohülle, ein Übergangsbereich zwischen der inneren Heliosphäre und dem äußeren Bereich, der Heliopause. Falls die Heliosphäre für die Bestimmung des Sonnensystems verwendet wird, ist hier das Ende. Aber die Oortwolke liegt noch weiter außen und erstreckt sich möglicherweise so weit in den Raum, bis die Anziehungskraft benachbarter Sterne überwiegt.

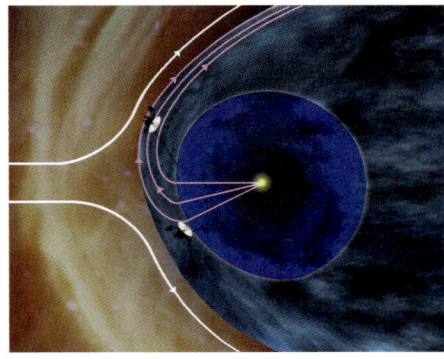

Die von der Sonne kommenden Teilchen (rosarote Pfeile) werden von der Strömung des interstellaren Mediums (v.l.) abgelenkt. Im Bild die Voyager-Sonden an den Außenbereichen der Heliosphäre.
Bild: NASA/JPL-Caltech

Botschaften an Außerirdische

Reisen in den interstellaren Raum

90

Die meisten Raumfahrtmissionen spielen sich in der Umlaufbahn um die Erde ab oder dienen der Erforschung der Planeten und anderer Gestirne, die unsere Sonne umkreisen. Einige wenige Sonden hatten darüber hinaus aber auch Ziele, die jenseits der Grenzen des Sonnensystems lagen.

Die Sonde Pioneer 10 hatte bereits eine erfolgreiche Mission bei den großen Gasplaneten Jupiter und Saturn hinter sich, als sie am 19. Juni 1983 die Neptun-Bahn erreichte. Bis zum 17. Februar 1998, als sie von Voyager 1 überholt wurde, war die Sonde das Raumfahrzeug, das sich am weitesten von der Erde entfernt hatte. Am 23. Januar 2003 schickte sie das letzte Signal zur Erde. Zu diesem Zeitpunkt hatte sie sich von ihrem Heimatplaneten bereits 12,23 Milliarden Kilometer entfernt. Das Signal benötigte elf Stunden und 20 Minuten, um am Ziel anzukommen. Aber Pioneer 10 fliegt noch weiter in den interstellaren Raum in Richtung des etwa 67 Lichtjahre entfernten Doppelsterns Aldebaran.

Für den Fall, dass eine außerirdische Zivilisation auf die Sonde aufmerksam wird, hat man ihr eine Botschaft in Form einer Plakette mitgegeben. Auf dem mit Gold beschichteten Schild befinden sich Abbildungen eines Mannes und einer Frau sowie verschiedene Symbole, die Informationen über die Herkunft der Sonde liefern sollen, falls sie von etwaigen Intelligenzen richtig gedeutet werden können. Die gleiche Plakette befindet sich auch auf der Sonde Pioneer 11, die nach ihrer Mission bei den Gasplaneten die Neptunbahn am 23. Februar 1990 erreichte. Die letzten Signale erreichten die Erde am 24. November 1995. Pioneer 11 verlässt auf einem anderen Weg als ihre Schwestersonde das Sonnensystem, nämlich in Richtung Milchstraßenzentrum.

Vergoldete Aufzeichnungen

Mit Botschaften für außerirdische Intelligenzen sind auch die beiden Sonden Voyager 1 und 2 ausgestattet. Voyager 1 hatte 1980 Saturn erreicht und ist seitdem auf dem Weg in den interstellaren Raum. 1990 schoss die Sonde in einer Entfernung von 40 AE, also schon jenseits der Neptunbahn, ein Bild der Sonne und der Planeten, auf dem die Erde als kleiner blauer Punkt erscheint. Für Voyager 1 sind aber noch Aufgaben für den äußeren Bereich des Sonnensystems vorgesehen, nämlich das Magnet-

Zu der Voyager-Schallplatte gehört eine Hülle, auf der Informationen über die Herkunft der Sonde sowie eine Anleitung zum Abspielen der Platte zu finden sind. **Bild: NASA/JPL-Caltech**

feld der Sonne, den Sonnenwind, die kosmische Strahlung, Radiowellen sowie das Vorhandensein von Wasserstoff in der Heliopause zu untersuchen. Der 25. August 2012 gilt als das Datum, an dem die Sonde als erstes menschengemachtes Objekt die Heliosphäre verließ und damit in den interstellaren Raum eindrang.

Wie ihre Schwestersonde befindet sich auch Voyager 2 auf dem Weg in die Weiten des Weltalles. Das Raumfahrzeug erreichte den interstellaren Raum am 5. November 2018. Es war zu diesem Zeitpunkt 116,167 AE (17,378 Milliarden Kilometer) von der Erde entfernt. Auf der Schallplatte, von der jede der Sonden ein Exemplar mitführt, befinden sich Grüße in 55 verschiedenen Sprachen, irdische Geräusche, Musikstücke sowie Botschaften des damaligen US-Präsidenten Jimmy Carter und des UN-Generalsekretärs Kurt Waldheim. Die Platte wurde von Carl Sagan, Frank Drake und anderen Wissenschaftlern entworfen. Sogar die Science-Fiction-Autoren Isaac Asimov, Arthur C. Clarke und Robert A. Heinlein waren dafür konsultiert worden. Zum Schutz vor Korrosion ist die Platte mit Gold überzogen. Die Frage ist nur, ob die Adressaten noch über Plattenspieler verfügen.

Eine blaue Murmel

Die einzigartige Erde

91

Als 1968 Apollo 8 den Mond umkreiste, schoss die Besatzung des Raumschiffs ein Bild von der am Horizont des Mondes aufsteigenden Erde. Der Kontrast zwischen der leblosen, von Kratern zerklüfteten Mondlandschaft und dem Planeten mit seinen blauen Meeren und weißen Wolken hätte nicht größer sein können. Die einzelnen Planeten und Monde des Sonnensystems sind auf ihre Art beeindruckend, aber die Erde bietet eine Besonderheit: Sie wimmelt mit Leben, zumindest für einen gewissen Teil ihrer Existenz.

Verglichen mit anderen Planeten hat die Erde einen relativ großen Trabanten. Obwohl der Mond selbst tot ist, spielt er für das Leben auf der Erde keine geringe Rolle. Er ist durch seine Gravitation nicht nur zum größten Teil für die Gezeiten verantwortlich, sondern stabilisiert auch die Rotation des Planeten und verhindert drastische Bewegungen der Pole, die zu massiven Klimaänderungen führen würden und die Entwicklung des Lebens beeinträchtigt hätten.

Im Gegensatz zu dem Wasser auf anderen Planeten und Monden befindet sich das Wasser auf der Erde weder im Dauerfrost, noch ist es verdampft. Die Erde umkreist die Sonne innerhalb eines Bereichs, in dem es dauerhaft in flüssiger Form bestehen kann. Die Venus hat beispielsweise alles Wasser verloren, während es auf dem Mars in Form von Eis im Untergrund möglicherweise noch vorhanden ist. Ohne Wasser wäre der Planet darüber hinaus geologisch tot, denn die Flüssigkeit schmiert die Plattentektonik, die in vielfacher Weise die Lebensbedingungen auf der Erde beeinflusst, die Temperatur der Atmosphäre reguliert und möglicherweise sogar für das Entstehen komplexer Organismen verantwortlich ist.

Ein hellblauer Punkt

Als sich die Sonde Voyager 1 auf dem Weg in den interstellaren Raum am 14. Februar 1990 um 180 Grad drehte und ein Foto von den Planeten schoss, erschien die Erde als ein kleiner hellblauer Punkt. Später schrieb Carl Sagan dazu: „Das ist hier. Das ist zu Hause. Das sind wir. Jeder, den du liebst, jeder, den du kennst, jeder, von dem du je gehört hast, jeder Mensch, der je war, hat darauf sein Leben gelebt." [12]

12 Vgl. Sagan, Carl. Pale Blue Dot: A Vision of the Human Future in Space. New York: Ballantine Books, 1997, Seite 6

Bill Anders schoss während der Mondumkreisung von Apollo 8 dieses Foto, das die Heimat der Menschheit in der Weite des lebensfeindlichen Raumes zeigt. Bild: NASA

Raumfahrt für die Erde

Die Raumfahrt interessiert sich nicht nur für fremde Welten. Sie dient auch der Erforschung des eigenen Planeten. Bereits die ersten Satelliten hatten den Zweck, mehr über die Erde zu erfahren. Sputnik 2 hatte deshalb zwei Geigerzähler und ein Instrument zur Strahlenmessung an Bord. Auch der 1958 gestartete Explorer 1 war mit geophysikalischen Messinstrumenten bestückt.

Die NASA hat heute mit der „Earth Science Division" (ESD) eine spezielle Abteilung für Geowissenschaften, die helfen soll, die Prozesse auf der Erde vom globalen bis zum kleinsten Maßstab zu verstehen. Dazu dienen auch Satelliten, die beispielsweise den Niederschlag auf der ganzen Welt messen, in das Auge eines Hurrikans sehen, Staubstürme über Kontinente hinweg beobachten oder sogar Moskitopopulationen in Städten aufspüren können.

Auch die ESA hat zahlreiche Missionen unternommen, um mehr über den Heimatplaneten der Menschheit zu erfahren. Dazu gehören Messungen der Ozonschicht, Bodenfeuchtigkeitsmessungen aus dem Weltraum, das Erstellen einer globalen Karte, mit deren Hilfe die Holzmenge in den Wäldern ermittelt werden kann. Diese und andere Missionen helfen mit, die Einzigartigkeit des dritten Planeten unseres Sonnensystems zu bewahren.

Raumfahrtvereine

Enthusiasten, Visionäre und Förderer

92

Die potenziellen Möglichkeiten der Raumfahrt übten schon früh auf viele Menschen eine Faszination aus. Oft inspiriert von fantastischen Erzählungen und wissenschaftlichem Interesse, hofften manche, dass mit dieser Technik ein Fortschritt verbunden war, der letztendlich der ganzen Menschheit zugutekommen würde. Solche Visionäre schlossen sich oft zusammen, um ihren Enthusiasmus zu teilen und möglicherweise einen Beitrag zur Förderung der Raumfahrt zu leisten.

Frühe Vereine

Bereits 1927 entstand in Breslau der „Verein für Raumschiffahrt". Eines der Gründungsmitglieder war der Astronom und Schriftsteller Max Valier (1895–1930). Er starb 1930 bei einer Explosion von Raketentreibstoffen und gilt deswegen als erstes Todesopfer der Raumfahrt. Der erste Vereinsvorsitzende war Johannes Winkler (1897–1947). Er führte bereits Anfang der 1930er-Jahre Versuche mit Flüssigkeitsraketen durch. Weitere bekannte Mitglieder waren Hermann Oberth und Wernher von Braun. Das Jahr 1933 markierte das Ende dieses Vereins.

Die Science-Fiction-Autoren G. Edward Pendray, David Lasser, Laurence Manning gehörten zu den Gründungsmitgliedern der „American Interplanetary Society" (Amerikanische Interplanetare Gesellschaft), die vier Jahre später in „American Rocket Society" (Amerikanische Raketen-Gesellschaft) umbenannt wurde. Die Vereinsmitglieder träumten nicht nur von interplanetaren Reisen, sie führten auch selbst Versuche mit Flüssigkeitsraketen durch. Der erste erfolgreiche Start fand am 14. Mai 1933 statt. Für diese Pionierleistung bekamen die Gesellschaft und Alfred Africano, eines der Mitglieder, den „Prix d'Astronautique" (Raumfahrtpreis) der „Société astronomique de France" (Astronomische Gesellschaft Frankreichs) verliehen. Die Mitgliederzahl stieg Ende der 1950er-Jahre auf etwa 21.000 an. 1963 fusionierte der Verein mit dem „American Institute of Aeronautics and Astronautics", einem Berufsverband für Luft- und Raumfahrttechnik.

In der Sowjetunion war Sergei Koroljow 1931 an der Gründung einer Gruppe zur Erforschung von Rückstoßantrieben beteiligt. Die Gruppe beschäftigte sich ebenfalls mit der Entwicklung von Raketen mit Flüssigkeitsantrieben. Schon 1933 ging sie im Raketenforschungsinstitut RNII auf.

Carl Sagan, eines der Gründungs-mitglieder der Planetarischen Gesellschaft, verstand es, dem breiten Publikum die Wissenschaft nahe zu bringen. Bild: NASA/Cosmos Studios

Planetengesellschaften

Mittlerweile hat die Raumfahrt durch die staatliche Förderung in vielen Ländern große Fortschritte gemacht. Trotzdem sehen auch heute noch interessierte Privatpersonen eine Rolle für sich bei der Verwirklichung einer Vision von einer Zukunft der Menschheit im All. Zu diesem Zweck entstand 1980 „The Planetary Society" (Die Planetarische Gesellschaft). Dieser Verein hat ungefähr 50.000 Mitglieder in etwa 100 Ländern. Das wohl bekannteste Gründungsmitglied war der amerikanische Astronom, Fernsehmoderator, Schriftsteller und Wissenschaftsvermittler Carl Sagan (1934–1996). Andere berühmte Mitglieder sind Bill Nye, Buzz Aldrin und Neil deGrasse Tyson. Die Mission der Gesellschaft lautet: „Die Bürger der Welt in die Lage zu versetzen, die Weltraumwissenschaft und -forschung voranzutreiben." Als Vision gibt die Planetary Society an: „Kenne den Kosmos und unseren Platz darin."

Eine weitere internationale Organisation ist die „Mars Society" (Mars-Gesellschaft). Zu den Zielen dieser Vereinigung gehören die Förderung der Erforschung des Mars sowie in ferner Zukunft die Besiedlung dieses Planeten. Zu den bekanntesten Mitgliedern gehören der Astronaut Buzz Aldrin, der Regisseur James Cameron sowie der Science-Fiction-Autor Kim Stanley Robinson.

Große Ziele

SpaceX

93

Als Elon Musk 2002 das Unternehmen „Space Exploration Technologies Corporation", kurz SpaceX, gründete, hatte er Pläne, die sogar die Ziele der großen staatlichen Raumfahrtagenturen übertrafen. Er wollte den Mars mit bemannten Flügen erreichen und mit dazu beitragen, aus der Menschheit eine multiplanetarische Spezies zu machen. Um dieses Ziel zu erreichen, waren jedoch viele Zwischenschritte nötig. Erst mussten die nötigen Technologien dafür geschaffen werden. Außerdem musste er über Twitter eingestehen: „Raketen sind schwierig."

SpaceX entwickelte zunächst die mit einem einzelnen Triebwerk ausgestattete zweistufige Rakete Falcon 1. Der erste Start fand 2006 auf dem zu den Marshall-Inseln gehörenden Omelek Island statt, erwies sich jedoch als Fehlschlag. Erst der vierte Start, am 28. September 2008, war erfolgreich. Es handelte sich um den ersten erfolgreichen Orbitalstart einer privat finanzierten und entwickelten Trägerrakete mit Flüssigkeitsantrieb. Am 14. Juli 2009 transportierte eine Falcon 1 erfolgreich einen malaysischen Satelliten in die Umlaufbahn.

Mit der Falcon 1 hatte SpaceX der NASA und möglichen anderen Auftraggebern bewiesen, dass das Unternehmen tatsächlich Raketen bauen und Nutzlasten befördern konnte. Das nächste Ziel war der Bau einer leistungsstärkeren Rakete, deren erste Stufe mit neun Triebwerken ausge-

Elon Musk

ist nicht nur wegen SpaceX bekannt, sondern wahrscheinlich noch mehr durch Tesla. Musk beteiligte sich 2004 an dem Elektroautohersteller und wurde dessen Aufsichtsratsvorsitzender und CEO. Elon Musk wurde 1971 in Südafrika geboren und wanderte im Alter von 17 Jahren nach Kanada aus. Sein erstes Unternehmen gründete er 1995. 1999 schuf er die Online-Bank X.com, aus der nach einer Fusion der Bezahldienst PayPal wurde. Weitere Gründungen Elon Musks sind „The Boring Company", ein Tunnelbauunternehmen, und die Firma Neuralink, die sich mit Neurotechnologie beschäftigt. Er war außerdem ein wichtiger Initiator bei der Entwicklung des Hochgeschwindigkeits-Transportsystems Hyperloop.

stattet war: die Falcon 9. Während die Falcon 1 nur 21 Meter hoch war und 180 Kilogramm in eine erdnahe Umlaufbahn tragen konnte, erreichte die neue Rakete eine Höhe von 70 Metern und konnte über zehn Tonnen in die Umlaufbahn transportieren. Der erste Start einer Falcon 9 fand am 4. Juni 2010 statt und war erfolgreich.

Wiederverwendbar

SpaceX arbeitete gleichzeitig an dem Dragon-Raumschiff, mit dem Versorgungsflüge und schließlich auch bemannte Flüge zur Internationalen Raumstation unternommen werden sollten. Am 8. Dezember 2010 fand der erste Testflug mit einer Dragon statt, und im Mai 2012 koppelte das unbemannte Versorgungsschiff erstmals an der ISS an.

Ein weiteres Ziel von SpaceX war die Wiederverwendbarkeit der Raketen. Erste Versuche mit der „Grasshopper", einem experimentellen Flugobjekt, das einer Stufe ähnelte, wurden ab 2012 durchgeführt. Die dabei entwickelte Technik fand Eingang in die Falcon 9. Im April 2014 landete zum ersten Mal die erste Stufe einer Falcon 9 im Atlantik. Versuche mit der Landung auf einem Drohnenschiff begannen im folgenden Jahr, waren aber anfangs nicht erfolgreich. Dagegen konnte eine Erststufe am 22. Dezember 2015 in Cape Canaveral aufsetzen. Die Jungfernlandung auf einem Drohnenschiff gelang im April 2016.

Am 6. Februar 2018 hob zum ersten Mal eine Heavy Falcon ab. Diese mit zwei Boostern ausgestattete Rakete kann bis zu 63.800 Kilogramm Nutzlast in eine erdnahe Umlaufbahn befördern. Sie übertrifft damit bei weitem die Delta IV Heavy, deren Nutzlast mit 28.790 Kilogramm angegeben wird. Aber das große Ziel von SpaceX liegt laut Elon Musk weit jenseits der Erdumlaufbahn.

Die Zukunft bei den Sternen

Blue Origin

94

Die futuristischen Visionen des Jeff Bezos, der das Raumfahrt-unternehmen Blue Origin gründete, können es mit denen des SpaceX-Gründers Elon Musk aufnehmen. Die Zukunft der Menschheit liegt seiner Meinung nach nicht auf diesem Planeten. Die Erde habe nur begrenzte Ressourcen und könne jederzeit von einem Asteroiden oder einem anderen Objekt getroffen werden. Die Menschheit müsse deshalb die Oberfläche verlassen und im Weltraum leben, wo unbegrenzte Ressourcen zur Verfügung stünden. Für die Erde hat er ebenfalls eine großartige Vision: Sie solle eine Art Nationalpark werden. Wie Elon Musk ist auch Jeff Bezos ein begeisterter Science-Fiction-Leser. Der erste Mitarbeiter von Blue Origin war Neal Stephenson, ein Science-Fiction-Autor. Das Ziel von Blue Origin drückt sich auch im Unternehmensmotto aus: „Wir wollen eine Straße in den Weltraum bauen, damit unsere Kinder die Zukunft gestalten können."

Jeff Bezos gründete Blue Origin im Jahr 2000. Die Zentrale sowie die Entwicklungsabteilung befinden sich in Kent, im Bundesstaat Washington. Die Erprobung der Triebwerke und Testflüge finden jedoch auf einer Ranch in der Nähe des kleinen Ortes Van Horn im Westen von Texas statt. Allerdings bekommt das Unternehmen auch eine Startanlage in Florida.

New Shepard ist das Startsystem, das Astronauten, Touristen und wissenschaftliche Nutzlasten in den Weltraum bringen soll. Der Flug dauert ungefähr elf Minuten.
Bild: Blue Origin

Außerdem entsteht eine Fabrik für die Produktion von Triebwerken in Huntsville, im Bundesstaat Alabama.

Erste Schritte in den Weltraum

2006 begann Blue Origin mit Tests einer wiederverwendbaren Rakete, die vor allem für suborbitale Flüge mit Weltraumtouristen konzipiert ist. In Anspielung auf den ersten amerikanischen Astronauten, der einen bemannten Flug unternahm, heißt diese Rakete „New Shepard". Am 23. November 2015 flog die New Shepard bis in eine Höhe von 100,5 Kilometern und zählt damit zu den Flugobjekten, die den Weltraum erreichen. Die Rakete verfügt über ein BE-3-Triebwerk, das von Blue Origin selbst entwickelt wurde.

„New Glenn" heißt die Rakete, die schwere Lasten in die Erdumlaufbahn befördern soll. Die Bezeichnung ist eine Hommage auf John Glenn, den ersten amerikanischen Astronauten in der Erdumlaufbahn. Die zweistufige Rakete soll teilweise wiederverwendbar sein. Für den Schub in der ersten Stufe sind sieben BE-4-Triebwerke verantwortlich. Diese Triebwerke sollen bis zu 100-mal verwendbar sein. Das gleiche Triebwerk wird voraussichtlich auch in der ersten Stufe der Vulcan-Rakete Verwendung finden. Diese Trägerrakete wird als Nachfolgerin der Atlas V von der United Launch Alliance entwickelt. Die obere Stufe der New Glenn ist mit zwei Exemplaren einer Variante des BE-3-Triebwerks ausgestattet.

2019 präsentierte Blue Origin der breiten Öffentlichkeit ein Raumfahrzeug, das den nächsten großen Schritt ins All darstellen soll. Es handelt sich um einen Roboter-Raumfrachter mit der Bezeichnung „Blue Moon". Das Gefährt soll mit verschiedenen Trägerraketen, wie der New Glenn, der Atlas V oder der Vulcan, in den Weltraum befördert werden und Nutzlasten zum Mond bringen können.

Jeff Bezos

befindet sich weniger im Rampenlicht als so manche andere Gründergestalten. Er ist aber einer der Erfolgreichsten. Jeff Bezos wurde 1964 in Albuquerque, im amerikanischen Bundesstaat New Mexico, geboren. Er war im Finanz- und Investmentsektor tätig, bevor er nach Seattle zog und während der Fahrt den Business-Plan für sein neues Unternehmen schrieb. Es begann in seiner Garage mit dem Verkauf von Büchern über das Internet. Dieses Start-up entwickelte sich zum größten Onlineversandhändler: Amazon.

Neuseelands Senkrechtstarter

Rocket Lab

95

Ein halbes Jahrhundert nach der ersten Mondlandung scheint für innovative private Unternehmen endlich die Zeit gekommen zu sein, die Pionierrolle in der Raumfahrt aus den Händen staatlicher Behörden und Organisationen zu übernehmen. Mittlerweile geht die Zahl der Start-ups, deren Ziele jenseits der Kármán-Linie liegen, in die Hunderte. SpaceX und Blue Origin sind die bekanntesten. Manche haben sich dem Weltraumtourismus verschrieben, wie Virgin Galactic, andere wollen Raumstationen bauen, wie Bigelow Aerospace, oder auf Asteroiden seltene Rohstoffe abbauen, wie Planetary Resources. Gemäß der Space Foundation, einer Organisation, in der zahlreiche Raumfahrtunternehmen vertreten sind, wuchs die globale Raumfahrtwirtschaft 2018 um 8,1 Prozent auf 414,75 Milliarden US-Dollar. In diesem Jahr fanden weltweit über 100 Raketenstarts statt.

Zu den erfolgreichsten Senkrechtstartern der Branche gehört Rocket Lab, ein Unternehmen, das von Peter Beck 2006 in Neuseeland gegründet wurde. Rocket Lab unterhält seit 2015 auf der neuseeländischen Halbinsel Mahia einen Raketenstartplatz. Als zweite Startanlage wurde 2018 ein Platz auf dem kommerziellen Raumhafen Mid-Atlantic Regional Spaceport (MARS) auf Wallops Island an der Ostküste der USA gewählt.

Peter Beck

wuchs in Invercargill, der südwestlichsten Stadt Neuseelands, auf. Er hatte bereits als Kind das Ziel, einmal Raketen zu bauen. Sein Interesse für Technik und das Experimentieren zeigte sich schon früh. Zum Beispiel stattete er ein Kleinstauto vom Typ Mini mit einem Turbolader aus. Mit 17 begann er eine Ausbildung als Werkzeugmacher bei der Firma Fisher & Paykel, die unter anderem Haushaltsgeräte herstellt. 2001 wechselte er zu der Forschungseinrichtung Industrial Research, die 2013 zu Callaghan Innovation fusionierte. Er lernte dort Stephen Tindall, einen späteren Investor in Rocket Lab, kennen. Peter Beck bekam ein Patent auf ein Gerät zur Herstellung von Hochtemperatursupraleitern. 2009 erhielt er gemeinsam mit seinem Forscherteam die „Cooper Medal", eine Auszeichnung der Royal Society of New Zealand.

Die Electron-Rakete mit dem Namen „This One's For Pickering" transportierte für die NASA 13 Cubesats in die erdnahe Umlaufbahn. **Bild: Trevor Mahlmann**

Während sich etliche Raumfahrt-Start-ups noch im Experimentierstadium befinden, hat Rocket Lab als erstes Privatunternehmen bereits mit einer eigenen Rakete den Weltraum erreicht.

Während der erste Raumflug noch mit einer Höhenforschungsrakete namens Atea (Maori für „Weltraum") erfolgte, zielt Rocket Lab mit der Electron höher. Diese Trägerrakete besteht aus zwei Stufen sowie einer kleinen, an der Nutzlast angebrachten „Kickstufe" und ist in der Lage, eine Nutzlast von 150 Kilogramm in die Umlaufbahn zu befördern. Als Antrieb für beide Stufen dient das von Rocket Lab selbst entwickelte Rutherford-Triebwerk, das in Kalifornien hergestellt wird.

Der erste Testflug einer Electron fand am 25. Mai 2017 statt und endete wegen eines Softwarefehlers mit der kontrollierten Zerstörung der Rakete. Aber bereits der zweite Flug, am 21. Januar 2018, brachte Kleinsatelliten, sogenannte Cubesats, in die Umlaufbahn. Am 16. Dezember 2018 erfolgte von Mahia aus auch ein erfolgreicher Start für die NASA. 2019 transportierten Electron-Raketen sogar für DARPA, die Forschungsbehörde des amerikanischen Verteidigungsministeriums, und für die US-Luftwaffe Satelliten. In Zukunft sollen mit Hilfe der Electron-Raketen entferntere Ziele angesteuert werden. Die Firma Moon Express plant mit Hilfe von Rocket Lab eine Mission, einschließlich eines Landemoduls, zum Erdtrabanten zu schicken.

Orion

Amerikanisch-europäische Kooperation

96

Nach dem Ende des Space-Shuttle-Programms hatte die Raumfahrtnation Nummer Eins keine Möglichkeit mehr, bemannte Missionen durchzuführen. Um Astronauten zur Internationalen Raumstation zu befördern, musste die NASA auf die Dienste des einstigen russischen Rivalen zurückgreifen. Die Raumfahrtorganisation Roskosmos lässt sich ihre Flüge in die Umlaufbahn jedoch teuer bezahlen. Vor allem seit dem Wiederaufflammen der Großmachtrivalitäten steigen die Preise rapide. 2007 und 2008 kostete ein Platz für einen Astronauten in einer Sojus-Kapsel noch 21,8 Millionen US-Dollar. 2018 lag der Preis für einen Hin- und Rückflug zur ISS bereits bei 81 Millionen Dollar – eine Preissteigerung von 372 Prozent in zehn Jahren. Allerdings arbeiten sowohl Boeing mit dem CST-100 Starliner als auch SpaceX mit der Crew Dragon daran, das Monopol von Roskosmos zu brechen.

Die NASA und die ESA streben darüber hinaus für die Zukunft bemannte Missionen an, deren Ziele außerhalb der Erdumlaufbahn liegen. Die beiden Raumfahrtorganisationen entwickeln deshalb ein Raumfahrzeug, das Astronauten zum Mond und möglicherweise auch zum Mars bringen soll. Das Raumschiff mit der Bezeichnung „Orion" besteht aus einem von Lockheed Martin für die NASA gebauten Kommandomodul und einem Servicemodul, das von Airbus für die ESA hergestellt wird. Äußerlich erinnert die Form des Kommandomoduls an die Apollokapsel. Sie soll aber bis zu sechs Personen Platz bieten können und wiederverwendbar sein. Ein Adapter dient als Verbindungsstück zwischen dem Servicemodul und der Trägerrakete.

Ein erster unbemannter Flug der Orion fand 2014 statt. Dabei wurden die Systeme und der Wiedereintritt in die Atmosphäre getestet. Das Raumschiff verfügt – wie bereits die Mercury-Kapseln – über ein Rettungssystem (Launch Abort System), das bei einem Fehlstart die Kommandokapsel durch das Zünden einer Rettungsrakete von der Trägerrakete entfernen soll. Die Kapsel würde anschließend mit Hilfe von Fallschirmen zu Boden gleiten. Das Rettungssystem wurde am 2. Juli 2019 einem erfolgreichen Test unterzogen.

Ein erster unbemannter Flug zum Mond ist vorerst für 2021 geplant. Bei dieser „Artemis 1" genannten Mission soll der Erdtrabant nur umrundet werden. Neben dem Test der einzelnen Komponenten und des Zusam-

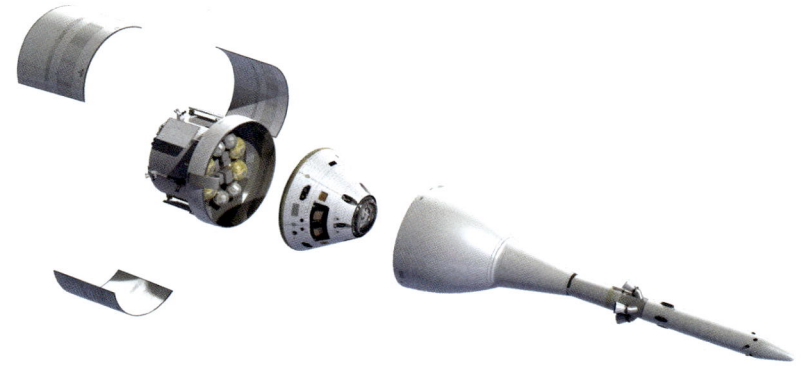

Die Bestandteile der Orion: das Servicemodul der ESA (links),
die Kommandokapsel (Mitte) und das Rettungssystem (rechts). **Bild:** NASA

menspiels des Kommando- und des Servicemoduls, hat die Mission auch
den Zweck, mehrere kleine Sonden und Satelliten auszusetzen. Im Zuge
der Mission Artemis 2 soll erstmals ein bemannter Flug mit der Orion um
den Mond stattfinden. Sollte alles erfolgreich verlaufen, werden der Planung gemäß mit Artemis 3 Mitte der 2020er-Jahre wieder amerikanische
Astronauten auf dem Mond landen.

Das Startsystem

Wer das Orion-Raumschiff schließlich zum Mond oder noch weiter
schicken wird, muss sich noch zeigen. Die NASA hatte ursprünglich
das neue „Space Launch System" („Weltraum-Startsystem"), kurz SLS, als
Trägerrakete vorgesehen. 2010 wurde die Entwicklung des SHLLV (super
heavy-lift launch vehicle) per Gesetz vom US-Kongress beschlossen. Das
SLS sollte die Nachfolge der Saturn V und des Space Shuttles antreten und
bis zu 130 Tonnen in die erdnahe Umlaufbahn tragen können. Die erste
Stufe verfügt über vier RS-25-Triebwerke, die bereits im Space Shuttle für
den Schub sorgten. Zusätzlich werden noch Booster zum Einsatz kommen. Die Trägerrakete befindet sich derzeit noch in der Entwicklung und
soll auch nach dem ersten bemannten Flug weiterentwickelt werden. Der
Grund dafür ist der modulare Aufbau der Rakete, der aus austauschbaren
Teilen besteht, die es ermöglichen, die Missionsziele zu variieren und die
Technologie im Laufe der Zeit zu verbessern. Allerdings führten steigende
Entwicklungskosten und technische Probleme dazu, dass der erste Startter-
min auf 2020 verschoben wurde, wahrscheinlich aber noch später stattfinden wird. Mögliche Alternativen könnten aus dem Privatsektor kommen,
wie die Falcon Heavy oder die Big Falcon Rocket von SpaceX.

Ein multinationales Ziel

Rückkehr zum Mond

97

Nachdem 1972 die letzte Apollo-Mission und 1976 die letzte sowjetische Robotersonde von der Mondoberfläche abgehoben hatten, schien das Interesse der Raumfahrtgesellschaften am Erdtrabanten erloschen zu sein. Andere Projekte, wie Raumstationen in der Erdumlaufbahn, schienen einen praktischeren Nutzen zu bieten, und der Mars, auf dem vielleicht einst Leben gedieh hatte und der möglicherweise immer noch irgendwo Mikroorganismen beherbergt, war wissenschaftlich interessanter als der tote, einem ständigen kosmischen Bombardement ausgesetzte Mond. Erst 1990 erreichte wieder ein irdisches Flugobjekt den Erdtrabanten, nämlich die japanische Sonde Hiten. Sie brachte die Tochtersonde Hagoromo in eine Umlaufbahn. Der Kontakt mit dem Orbiter brach jedoch kurz danach ab. Immerhin war Hiten das erste Raumfahrzeug eines anderen Landes als der Vereinigten Staaten oder der UdSSR, das den Mond als Ziel hatte. 1994 kam mit der Sonde Clementine erstmals wieder ein Raumfahrzeug der NASA beim Erdtrabanten an. Die Sonde fand von der Umlaufbahn aus Anzeichen von Eis am Boden eines permanent beschatteten Kraters am Südpol. 2003 schickte auch die europäischen Raumfahrtagentur ESA mit SMART-1 zum ersten Mal eine Sonde zum Mond. 2007 folgte die japanische Sonde SELENE, und im folgenden Jahr begann die indische Sonde Chandrayaan-1 den Mond zu umkreisen.

Chinas Mondprogramm

Für wirkliches Aufsehen sorgte aber 2007 Chang'e 1, eine chinesische Sonde, die auf einer Trägerrakete vom Typ Langer Marsch gestartet war und den Mond umkreiste, um die Oberfläche dreidimensional zu kartografieren sowie Informationen über die Verteilung verschiedener chemischer Elemente und die Bodenbeschaffenheit zu liefern. Außerdem sollten zwischen Mond und Erde die Sonnenaktivitäten gemessen werden.

Chang'e 1 war so bedeutsam, weil die Sonde der erste Schritt eines ambitionierten Mondprogramms war. China ist entschlossen, als bedeutende Industrienation auch eine entsprechende Rolle in der Raumfahrt einzunehmen. 2010 folgte die Sonde Chang'e 2, die ebenfalls den Mond umkreiste und die Voraussetzung für die nächste Mission schaffen sollte. Am 14. Dezember setzte die Sonde Chang'e 3 auf der Mondoberfläche auf.

Mehrere Länder haben Pläne für eine Präsenz auf dem Mond: Darstellung einer japanischen Sonde, eines Landemoduls und eines Rovers. Bild: JAXA

Damit landete zum ersten Mal seit 1976 wieder ein Raumfahrzeug auf dem Erdtrabanten. Eine weitere Meisterleistung gelang der chinesischen Raumfahrtagentur am 3. Januar 2019 mit der ersten weichen Landung einer Sonde auf der erdabgewandten Seite des Mondes. Chang'e 4 hat, wie die Vorgängermission, ein Mondfahrzeug dabei, mit dem die Umgebung der Landestelle erforscht werden soll.

Die bisher gelandeten Sonden sind Teil der ersten beiden Phasen eines Programms, das die Errichtung einer permanenten Mondstation und schließlich einer bemannten Landung zum Ziel hat.

Artemis

Die chinesischen Mondlandungen verursachten keinen Schock wie einst Sputnik. Aber es ist fraglich, ob ohne die Chang'e-Missionen die verschiedenen Raumfahrtorganisationen und -behörden die Absicht bekundet hätten, sich verstärkt dem Mond zuzuwenden. Wegen der relativ guten finanziellen Ausstattung scheint das Artemis-Programm der NASA das erfolgversprechendste zu sein. Sputnik hatte einst das Apollo-Programm zur Folge. Artemis (in der griechischen Mythologie Apollos Schwester und Mondgöttin) soll amerikanische Astronauten – darunter erstmals eine Frau – wieder zum Mond bringen.

Eugene Cernan, der Kommandant der Apollo 17 und der letzte Mensch auf dem Mond, hatte vor dem Rückflug die hoffnungsvollen Worte geäußert: „Wir gehen, wie wir gekommen sind, und werden, so Gott will, mit Frieden und Hoffnung für die ganze Menschheit zurückkehren." Es hat länger gedauert als viele dachten. Aber die Rückkehr zum Mond scheint eine beschlossene Sache zu sein. Diesmal soll es den Plänen zufolge eine dauerhafte menschliche Präsenz auf dem Mond geben.

Hyperraum

Träume von Überlicht

98

Aufgrund der Naturgesetze liegen die mit bekannten Technologien erreichbaren Geschwindigkeiten von Raumschiffen weit unterhalb der Lichtgeschwindigkeit. Interstellare Reisen von Personen sind deshalb unpraktikabel – falls die Passagiere wieder zu ihren Heimatplaneten zurückkehren wollen. Ein Flug zu den benachbarten Sternen würde bereits viele Jahre in Anspruch nehmen. Aber was wäre die Science-Fiction, wenn sie sich auf unser Sonnensystem beschränken würde? Die lebhafte Fantasie von Autoren fand deshalb schon früh eine Möglichkeit, die Beschränkungen harter Fakten zu überwinden. Bereits in den 1930er-Jahren spekulierten Science-Fiction-Autoren, dass unser dreidimensionales Universum Teil eines höherdimensionalen Raumes sei. Die Einbettung des dreidimensionalen Raumes in einen Hyperraum wird oft verglichen mit der zweidimensionalen Oberfläche, die Teil einer dreidimensionalen Kugel ist. Wer beispielsweise von Berlin nach Neuseeland reisen möchte, muss auf dem Land- oder Seeweg etwa 18.000 Kilometer zurücklegen. Kürzer wäre es, wenn man die zweidimensionale Oberfläche verlassen und eine Abkürzung durch die Erdkugel hindurch finden würde. Ähnlich stellen sich manche Science-Fiction-Erzähler eine Reise zu Sternen durch den Hyperraum vor.

Manche Autoren beschreiben den Hyperraum auch als eine Art Paralleluniversum, in dem die Gesetze der Relativitätstheorie schlicht und einfach nicht gelten. Raumschiffe können in diesen überdimensionalen Raum hinüberwechseln und nach Belieben beschleunigen. Auch „Hyperraumsprünge", bei denen Raumschiffe entmaterialisieren und an einer anderen Stelle des Universums wieder auftauchen, werden manchmal herangezogen, um ein interstellares Reisen zumindest in der Fantasie zu ermöglichen.

Wurmlöcher

Eine weitere in der Science-Fiction manchmal verwendete Möglichkeit, die Distanzen im Weltraum zu überwinden, die der Abkürzung über den Hyperraum ähnelt, sind sogenannte „Wurmlöcher". Dabei handelt es sich um spekulative Verbindungen zwischen zwei Orten in der Raumzeit, die sich aus speziellen Lösungen der allgemeinen Relativitätstheorie ergeben und bereits von Albert Einstein sowie dem Physiker Nathan Rosen beschrieben wurden. Zu den bekanntesten Erzählungen, in de-

„WISE J085510.83-071442.5" ist 7,2 Lichtjahre von der Erde entfernt. Um Welten wie diese zu besuchen, wären Raumschiffe mit Überlichtgeschwindigkeit nötig.
Bild: NASA/JPL-Caltech/Penn State University

nen ein Wurmloch als Abkürzung im Raumzeitkontinuum benutzt wird, gehören Carl Sagans Roman „Contact" und der darauf basierende Film sowie die Fernsehserien „Deep Space Nine" und „Stargate".

Warp-Antrieb

Auf einer Krümmung des Raumzeitkontinuums und damit ebenfalls auf einer Abkürzung basiert der Warp-Antrieb. Bei dieser fiktiven Technologie werden die Gesetze der Relativitätstheorie zwar nicht verletzt, aber der Raum wird so gekrümmt oder verzerrt (englisch „to warp"), dass ein Raumschiff in relativ kurzer Zeit zu einem anderen Ort im Universum gelangen kann. Bekannt ist diese Antriebsart vor allem durch die Fernsehserie „Star Trek".

Es ist nicht einfach, zu fernen Sternen zu fliegen, andere Planeten zu besiedeln oder gar eine entfernte Galaxie aufzusuchen, wenn der Antrieb mit flüssigem Wasserstoff und Sauerstoff arbeitet. Die Fantasien der Science-Fiction-Autoren und ihrer Leser hätten sich schon längst erfüllt, wenn nur nicht die unverrückbaren Naturgesetze wären.

Fantasieprodukte

Raumfahrt und Science-Fiction

99

Von Robert H. Goddard und Wernher von Braun bis Elon Musk und Jeff Bezos haben sich nicht wenige Raketenbauer und Wissenschaftler von Science-Fiction-Erzählungen inspirieren lassen. Das Spektrum dieser Literaturgattung reicht von der „harten" Science-Fiction, bei der das naturwissenschaftlich Machbare berücksichtigt wird, bis zur „weichen" Science-Fiction, bei der die Naturgesetze kaum Geltung finden. Zu den Beispielen der „harten" Seite zählen Autoren wie Arthur C. Clarke und Stephen Baxter sowie in neuerer Zeit Liu Cixin. Am gegenüberliegenden Ende des Spektrums liegen beispielsweise die Star-Wars-Filme, die „vor langer Zeit in einer weit, weit entfernten Galaxis" spielen und eine Mischung aus Fantasy und Weltraumabenteuer sind. Der Großteil der Zukunftsgeschichten liegt zwischen den beiden Extremen.

Unerklärliche Technik

Es ist praktisch unmöglich, die technische Entwicklung vorauszusehen. Noch in den 1960er-Jahren hätte niemand gedacht, dass in nur 30 oder 40 Jahren in fast jedem Haushalt ein Computer stehen würde. Deswegen kann man es Science-Fiction-Autoren nachsehen, wenn sie Technologien einführen, die sie selbst nicht erklären können. Die beim Beschleunigen eines Raumschiffes auftretenden g-Kräfte werden durch Andrucksneutralisatoren aufgehoben, eine künstliche Gravitation bewirkt, dass die Raumfahrer nicht schwerelos durch die Gänge schweben müssen, Schutzschirme bewahren die Raumschiffe vor den Gefahren durch kosmische Strahlung, Kollisionen oder die Waffen der Feinde. Die Fernsehserie „Star Trek" führte den „Transporter" ein. Diese Geräte werden verwendet, um Personen oder Gegenstände zu entmaterialisieren und an eine andere Stelle zu teleportieren. Wie dies funktionieren sollte, wussten die Macher der Serie selbst nicht. Aber zumindest sparte man sich damit die Kosten für die Darstellung von Beibooten oder Landesequenzen. Erst später gab es Versuche, das „Beamen" irgendwie mit den Naturgesetzen in Einklang zu bringen.

Natürlich muss man den Science-Fiction-Autoren eine gewisse künstlerische Freiheit zugestehen, und das Wichtigste ist, dass die Handlung innerhalb des jeweiligen Universums konsistent ist. Wenn es in „Star Wars" möglich ist, mit dem Hyperraumantrieb Lichtjahre zu überwin-

In dem 1890 erschienenen Roman „Le Vingtième siècle" („Das zwanzigste Jahrhundert") beschreibt Albert Robida das Leben im Jahr 1955. Dazu gehört das Reisen mittels Luftfahrzeugen. **Bild:** Albert Robida

den, manchmal aber schwerfällige Tiere als Fortbewegungsmittel dienen, dann ist das den Filmen nicht abträglich, weil diese Widersprüchlichkeit ein Teil des „Star Wars"-Universums ist und zum Reiz der ursprünglichen Trilogie beitrug.

Jenseits der Naturgesetze

Problematischer ist es, wenn Sachverhalte nicht verstanden oder Naturgesetzen widersprochen wird. In der Fernsehserie „Raumpatrouille" rast ein brennender Planet, der als „Supernova" bezeichnet wird, auf die Erde zu. In Wirklichkeit ist eine Supernova jedoch ein massereicher Stern, der am Ende seiner Lebenszeit in einer gewaltigen Explosion seine äußere Hülle abstößt. Davon abgesehen würde selbst ein Stern oder Planet aus der Nachbarschaft des Sonnensystems viele Jahre brauchen, um die Erde zu erreichen.

Manche Filmemacher scheinen auch Newtons Gesetze nicht zu kennen oder zu beachten. Die Triebwerke von Raumschiffen sind immer aktiv, unabhängig davon, ob das Raumschiff beschleunigt, die Geschwindigkeit beibehält oder abbremst, als ob im Weltraum so etwas wie ein Luftwiderstand zu überwinden wäre. In „Armageddon" nähern sich die Space Shuttles der russischen Raumstation mit brennenden Triebwerken, anstatt abzubremsen. Dass Raumschiffe Geräusche von sich geben, als wäre der Weltraum mit Luft gefüllt, scheint den meisten Regisseuren ebenfalls wichtiger als die Realität zu sein. Zu den löblichen Ausnahmen gehört „2001: Odyssee im Weltraum".

Sind wir allein?

Leben auf anderen Planeten

100

Sobald sich die Erkenntnis durchsetzte, dass die Punkte am Himmel eigene Welten sind, zogen viele den Analogieschluss, dass sie wie die Erde auch bevölkert sein müssten. Dazu gehörte beispielsweise der italienische Philosoph Giordano Bruno (1548–1600), der davon ausging, dass es im unendlichen Universum eine unendliche Anzahl von Welten gebe, die von intelligenten Wesen bevölkert seien. Bruno wurde für seine Ansichten auf dem Scheiterhaufen verbrannt. Der französische Aufklärer Bernard le Bovier de Fontenelle (1657–1757) argumentierte in seinen „Dialogen über die Mehrheit der Welten" ebenfalls für die Möglichkeit, dass es auf dem Mond und anderen Gestirnen Bewohner gebe. Wir finden auf der Erde in jedem Tropfen Wasser Leben, meinte der Astronom Camille Flammarion (1842–1925). Warum sollte es auf anderen Planeten nicht auch so sein? Selbst wenn dort nicht die gleichen Verhältnisse herrschten wie auf der Erde, warum sollte es auf dieser Welt nicht Leben geben, das unter ganz anderen Bedingungen gedeihen konnte?

Drake-Gleichung und Fermi-Paradoxon

Die meisten frühen Spekulationen über Lebensformen im Universum basierten auf einer falsch verstandenen Kausalität. Die Tatsache, dass es auf der Erde Leben gibt, bedeutet nicht, dass dies auf anderen Planeten ebenso zutreffen muss. Das Leben ist kein absolutes Gesetz und keine unwiderstehliche Kraft, der alles gehorchen muss, wie Flammarion glaubte. Wir wissen inzwischen, dass das Universum zum weitaus größten Teil sehr lebensfeindlich ist.

Der Astronom und Astrophysiker Frank Drake formulierte 1961 eine berühmte, nach ihm benannte Gleichung, mit der man die Anzahl der

Leben auf der Erde

Die 2005 gestartete ESA-Sonde „Venus Express" hatte nicht nur den Zweck, neue Erkenntnisse über den zweiten Planeten zu gewinnen, sondern von der Venus aus Aufnahmen von der Erde zu machen. Mit diesen Fotos sollte eine Methode entwickelt werden, wie anhand von Bildern auf die Bewohnbarkeit von Planeten geschlossen werden kann.

Im kalifornischen Hat-Creek-Radioobservatorium wird nach Signalen aus dem Weltraum gesucht – bisher erfolglos. Bild: brewbooks / CC BY-SA 2.0

fortschrittlichen, kommunikationsfähigen Zivilisationen in unserer Galaxis berechnen könnte. Der Drake-Gleichung gemäß hängt die Zahl dieser Zivilisationen ab von der durchschnittlichen Sternentstehungsrate, dem Anteil von Sternen mit Planeten, dem Anteil von Planeten mit Leben, dem Anteil von Planeten mit intelligentem Leben, dem Anteil von Zivilisationen mit dem Interesse an interstellarer Kommunikation sowie der Lebensdauer einer solchen Zivilisation. Da man aber die Werte für die einzelnen Faktoren nicht kennt, können nur Schätzungen möglich sein – und diese schwanken zwischen einer Zivilisation und mehreren Millionen.

Seit den 1960er-Jahren beschäftigten sich verschiedene wissenschaftliche Projekte mit der Suche nach außerirdischem Leben. Zu den bekanntesten dieser Unternehmungen gehört das 1984 gegründete SETI Institute, das nach Radiosignalen extraterrestrischer Zivilisationen sucht, ohne bisher fündig geworden zu sein.

Falls es tatsächlich intelligentes Leben in unserer Galaxis gibt, stellt sich die Frage: „Wo sind sie alle?" Auf den Physiker Enrico Fermi geht die Bezeichnung „Fermi-Paradoxon" zurück. Hätte nicht ein außerirdisches Raumschiff irgendwann die Erde erreichen oder hätten wir nicht zumindest Signale von bewohnten Planeten empfangen müssen? Aber dem Fermi-Paradoxon liegen unbegründete Annahmen zugrunde. Falls es außerirdisches intelligentes Leben gibt, warum sollten sie Interesse an uns haben? Möglicherweise waren die fremden Astronauten schon hier, aber sie haben sich uns nicht gezeigt, oder wir waren noch nicht auf der nötigen Kulturstufe. Vielleicht ist die Erde auch eine seltene Ausnahme, ein einsamer bewohnter Planet in den Weiten eines lebensfeindlichen Universums.

Die Zukunft im All

Raumstationen und Terraforming

101

In einem Artikel für die New York Times vom 16. August 1964 beschrieb der Science-Fiction-Autor Isaac Asimov, wie er sich die technischen Errungenschaften in 50 Jahren, also im Jahre 2014, vorstellte. Roboter würden zwar nicht üblich sein, und sie wären auch nicht sehr gut, aber sie würden existieren. I.B.M. würde auf der Weltausstellung Computer in all der erstaunlichen Vielfalt zeigen, insbesondere solche, die fähig wären, Russisch ins Englische zu übersetzen. Und es würde schon bemannte Mondkolonien geben. Bemannte Flüge zum Mars erwartete Asimov für 2014 noch nicht.

Gewagtere Vorhersagen machte Asimovs Kollege Arthur C. Clarke. In dem Film „2001: Odyssee im Weltraum", dessen Drehbuch er gemeinsam mit Stanley Kubrick schrieb, gibt es bereits eine Mondstation, eine große Raumstation und einen bemannten interplanetarischen Flug. In seinem erstmals 1962 erschienenen und 1973 aktualisierten Buch „Profile der Zukunft" („Profiles of the Future") spekulierte er, 2035 würde der Kontakt mit Außerirdischen hergestellt werden, und 2050 könnte man endlich die Schwerkraft kontrollieren.

Auch Raketenexperten wie Wernher von Braun gingen von einem schrittweisen Vorstoß der Menschheit ins All aus. Den suborbitalen würden die orbitalen Flüge folgen, und die Landung auf dem Mond wäre die Vorstufe zur Landung auf dem Mars.

Weltraumkolonien

Die Forschung hat gezeigt, dass auf den anderen Planeten des Sonnensystems lebensfeindlichere Bedingungen herrschen, als man es früher angenommen hatte. Wenn Menschen auf anderen Planeten nur mit einem enormen technischen und materiellen Aufwand überleben können, warum dann nicht in gewaltigen Raumstationen siedeln, die genau den Erfordernissen des menschlichen Lebens angepasst sind? Sowohl der britische Wissenschaftler John Desmond Bernal (1901–1971) als auch sein amerikanischer Kollege Gerard O'Neill (1927–1992) schlugen Raumstationen vor, die Tausenden von Menschen Platz bieten sollten. Eine ähnliche Struktur wurde 1975 während eines Sommerstudienprogramms an der University of Stanford vorgeschlagen (Stanford-Torus). Die Zentrifugalkraft dieser rotierenden Stationen wäre ein Ersatz für die irdische Schwerkraft.

Eine gigantische reifenförmige Raumstation (Torus) schlugen Teilnehmer des Sommerprogramms der NASA an der Stanford University 1975 vor. Bild: NASA / Rick Guidice

Terraforming

Manche glauben, dass es in Zukunft möglich wäre, die Verhältnisse auf anderen Planeten so zu verändern, dass sie ähnliche Lebensbedingungen wie die Erde bieten. Zu den Befürwortern dieses „Terraforming" gehören Elon Musk von SpaceX und die Gründer der Mars Society. Als erstes Ziel dafür käme eher der Mars als die Venus in Frage. Dazu müsste man wärmere Verhältnisse schaffen – beispielsweise mit Hilfe von Grünhausgasen oder gigantischen Spiegeln in der Umlaufbahn, die das Sonnenlicht verstärken und das Eis in den Polen zum Schmelzen bringen würden. Außerdem müsste man die Atmosphäre so verändern, dass sie für Menschen verträglich wäre. Und schließlich wäre noch das Problem der geringen Gravitation … Man kann nur spekulieren, wie die Zukunft der Menschheit im Weltraum aussehen wird. Wir stehen noch ganz am Anfang. Arthur C. Clarke meinte dazu: „Das Einzige worüber wir uns über die Zukunft sicher sein können, ist, dass sie absolut fantastisch sein wird." [13]

13 Vgl. Clarke, Arthur C.: Profiles of the Future. London : Gateway, 2013. „Introduction", Seite 17

Impressum

Verantwortlich: Lothar Reiserer
Produktmanagement: Martin Distler
Layout und Satz: Silke Schüler
Repro: Cromika
Korrektorat: Michael Dörflinger
Umschlaggestaltung: Lothar Reiserer unter Verwendung von
Bildern der NASA (Umschlag Vorderseite) und von Blue Origin
(Umschlag Rückseite)
Herstellung: Anna Katavic

Printed in Slovenia by Florjancic

Sind Sie mit diesem Titel zufrieden? Dann würden wir uns über Ihre Weiterempfehlung freuen.
Erzählen Sie es im Freundeskreis, berichten Sie Ihrem Buchhändler, oder bewerten Sie bei Ihrem nächsten Onlinekauf. Und wenn Sie Kritik, Korrekturen oder Aktualisierungen haben, freuen wir uns über Ihre Nachricht an GeraMond Verlag, Postfach 40 02 09, D-80702 München oder per E-Mail an lektorat@verlagshaus.de.

Unser komplettes Programm finden Sie unter  www.geramond.de

© 2020 GeraMond Verlag GmbH
ISB 978-3-96453-055-4